Forschung für die Praxis · Band 29

**Berichte aus dem
Forschungsinstitut für Rationalisierung (FIR)
und dem Lehrstuhl und Institut
für Arbeitswissenschaft (IAW)
der Rheinisch-Westfälischen
Technischen Hochschule Aachen**

Herausgeber: Univ.-Prof. Dr.-Ing. R. Hackstein

E. Köhl

Optimale Datenintegration bei rechnerintegrierter Produktion

Mit 61 Abbildungen

Springer-Verlag
Berlin Heidelberg New York
London Paris Tokyo Hongkong 1990

Dipl.-Inform. Eva Köhl
Forschungsinstitut für Rationalisierung
an der Rheinisch-Westfälischen Technischen Hochschule Aachen

Univ.-Prof. Dr.-Ing. Rolf Hackstein
Inhaber des Lehrstuhls und Direktor des Instituts für Arbeitswissenschaft,
Direktor des Forschungsinstituts für Rationalisierung an der Rheinisch-
Westfälischen Technischen Hochschule Aachen

D 82 (Diss. TH Aachen)
Entwicklung und Erprobung eines Instrumentariums zur Gestaltung der Datenintegration bei CIM.

ISBN-13:978-3-540-52756-5   e-ISBN-13:978-3-642-84233-7
DOI: 10.1007/978-3-642-84233-7

Die Wiedergabe von Gebrauchsnamen, Handelsnamen, Warenbezeichnungen usw. in diesem
Werk berechtigt auch ohne besondere Kennzeichnung nicht nur zu der Annahme, daß solche
Namen im Sinne der Warenzeichen- und Markenschutz-Gesetzgebung als frei zu betrachten wären
und daher von jedermann benutzt werden dürften.

Sollte in diesem Werk direkt oder indirekt auf Gesetze, Vorschriften oder Richtlinien (z.B. DIN,
VDI, VDE) Bezug genommen oder aus ihnen zitiert worden sein, so kann der Verlag keine Gewähr
für Richtigkeit, Vollständigkeit oder Aktualität übernehmen. Es empfiehlt sich, gegebenenfalls für
die eigenen Arbeiten die vollständigen Vorschriften oder Richtlinien in der jeweils gültigen Fassung
hinzuzuziehen.

Gesamtherstellung:
trans-aix-press, Kurbrunnenstr. 30, 5100 Aachen, Tel. 0241 / 54033

2160 / 3020-543210

Vorwort des Herausgebers

Die Mechanisierung und Automatisierung der industriellen Produktion hat in den vergangenen Jahren weiter ständig zugenommen. Begriffe wie "Flexible Fertigungssysteme", "Robotereinsatz" oder "CNC-Maschinen" sind einige Deskriptoren dieser Entwicklung. Mit steigender Komplexität der eingesetzten Anlagen, Maschinen und Verfahren erhöhen sich auch die Anforderungen an die Organisation des Zusammenwirkens von Mensch, Betriebsmittel und Material. Die Beherrschung und Verbesserung dieser Ablauforganisation wird mehr und mehr zum entscheidenden Faktor für einen erfolgreichen Einsatz moderner Produktionstechnologien.

Die Ablauforganisation in den Fabriken der Zukunft wird vom Einsatz der Informationstechnik geprägt sein. Einen der Anwendungsschwerpunkte der Informationstechnik in der Ablauforganisation von Produktionsbetrieben bildet der Einsatz von Informationssystemen für die Planung und Steuerung von Produktionsabläufen einschließlich des Transportes und der Lagerung.

Der Erfolg solcher Informationssysteme ist in besonderem Maße davon abhängig, wie gut es gelingt, bei der Entwicklung und beim Einsatz der Systeme gleichermaßen sowohl die technisch-organisatorischen als auch die humanen (arbeitswissenschaftlichen) Aspekte zu berücksichtigen. Während sich die technologische Entwicklung nämlich auf dem Hardware-Sektor äußerst rasant vollzieht, ist zu beobachten, daß zwischen den durch die Hardware gebotenen Möglichkeiten und den durch entsprechende Methoden und Programme (Software) realisierten Anwendungen eine immer größere Lücke entsteht, die als "Software-Lücke" bezeichnet wird.

Erfolge beim betrieblichen Einsatz können weiterhin aber auch nur dann erreicht werden, wenn der Mensch die oben genannten Informationssysteme akzeptiert. Das aber gelingt nur, wenn der Mensch die sich ergebenden Veränderungen positiv bewältigen kann. Da bisher zu wenig Beweglichkeit, Einfallsreichtum und Flexibilität bei der Entwicklung neuer Bedingungen für die Gestaltung der Arbeitszeit, des Arbeitsplatzes, des Arbeitskräfteeinsatzes, der Arbeitsorganisation und ähnlichem festzustellen ist, zeigt sich hier eine zweite, immer größer werdende Lücke, die vielfach als "Akzeptanzlücke" bezeichnet wird und die in ihren negativen Auswirkungen der "Software-Lücke" sicherlich nicht nachsteht.

Darüber hinaus ist es heute im Hinblick auf die Wirtschaftlichkeit von Neuen Technologien noch allzu häufig üblich, daß man unter der Forderung nach "geringeren Kosten" vorzugsweise "geringere Produktionskosten" und unter "höherer Leistung" vorzugsweise "höhere menschliche Anstrengung" versteht. Es erhebt sich aber vor dem Hintergrund der Massenarbeitslosigkeit die Frage, inwieweit man heute Neue Technologien als Ersatz für Alte Technologien vorzugsweise durch Reduzierung der Personalkosten anstreben muß und man höhere Leistung vorzugsweise nur durch Erhöhung der menschlichen Anstrengung erreichen kann.

Industrielle Führungskräfte sollen hingegen wissen, daß gerade die mit dem Begriff des Computers verbundenen neuen Technologien so gestaltbar sind, daß dem Menschen nicht höhere Anstrengungen zugemutet werden, sondern der Computer die Arbeit des Menschen so unterstützen kann, daß das Leistungsergebnis - und darauf kommt es ja an -

verbessert wird. Es ist folglich zu prüfen, welche Neuen Technologien geeignet sind, sowohl die Wirtschaftlichkeit zu steigern, als auch den Personalfreisetzungseffekt zu vermeiden.

Die Arbeiten der beiden vom Herausgeber geleiteten Institute, des Forschungsinstitutes für Rationalisierung (FIR) an der RWTH Aachen und des Lehrstuhls und Institutes für Arbeitswissenschaft (IAW) der RWTH Aachen, sind vor diesem Hintergrund darauf gerichtet, Beiträge zur Schließung der angezeigten Lücken und zur Realisierung der genannten Forderungen zu leisten. Zur Umsetzung gewonnener Erkenntnisse wird die Schriftenreihe "FIR-IAW-Forschung für die Praxis" herausgegeben. Der vorliegende Band setzt diese Reihe fort. Die bisher erschienenen Titel sind am Schluß dieses Bandes aufgeführt.

Der Verfasserin danke ich für die geleistete Arbeit, dem Verlag für die Aufnahme dieser Schriftenreihe in sein Programm und allen anderen Beteiligten für ihren Beitrag zum Gelingen des Bandes.

Rolf Hackstein

i

Inhaltsverzeichnis

1. Einleitung

Die Leistungsfähigkeit des betrieblichen Informationssystems bestimmt in erheblichem Maße die Geschwindigkeit, mit der ein Unternehmen auf Veränderungen des Marktes reagieren kann und ist somit ein wesentlicher Erfolgsfaktor bei der Sicherung der Marktposition.

Eine Verbesserung des Informationsflusses in den Unternehmen wird heute vielfach mit dem Wunsch nach einer CIM-Realisierung verbunden. CIM ist die Abkürzung für "Computer Integrated Manufacturing", zu deutsch: rechnerintegrierte Produktion. Der Begriff CIM wurde bereits 1973 von J. HARRINGTON [1973] benutzt. Er beschrieb damit Unternehmen, die von einem ununterbrochenen Datenstrom gesteuert werden.

Aus technischer Sicht bedarf es für die Realisierung eines ununterbrochenen Datenstroms nicht nur einer hohen EDV-Durchdringung, d.h. einer großen Anzahl von EDV-Systemen in allen Unternehmensbereichen, sondern auch einer Verknüpfung der verschiedenen EDV-Systeme untereinander.

Die Verbreitung von EDV-Systemen im Produktionsbereich begann gegen Ende der 70er Jahre. Die Dynamik mögen beispielhaft die Zuwachsraten von Angebot und Nachfrage im Bereich der Produktionsplanung und -steuerung verdeutlichen. Von Dezember 1977 bis Dezember 1980 wuchs in der Bundesrepublik Deutschland das Angebot an Standard-Systemen zur Produktionsplanung und -steuerung von 45 auf 78 Systeme. Das entspricht einer Steigerung um 73% in 3 Jahren. Gleichzeitig schnellte die Zahl der Implementierungen von PPS-Systemen von 165 auf 1298, was einer Zuwachsrate von 650% entspricht [vgl. SCHEER 1983]. Dieser Bereich gilt heute nachweisbar als ein Haupt-Kristallisationskeim von CIM-Systemen [HACKSTEIN 1987].

Eine Breitenerhebung des Instituts für Sozialwissenschaftliche Forschung in München ergab, daß "1986 nur noch eine Minderheit von weniger als einem Zehntel der Betriebe im Untersuchungsfeld (Anmerkung: Investitionsgüterindustrie), ... völlig auf den Einsatz computergestützter Techniken verzichten. ...geht man von den geäußerten Planungsabsichten aus, werden Anfang der 90er Jahre nur noch rund 7% der Betriebe der Investitionsgüterindustrie weder in der Fertigung noch in der Verwaltung Mikroelektronik einsetzen" [SCHULTZ-WILD/NUBER/REHBERG/ SCHMIERL 1989]. Im einzelnen erwarten befragte Experten bis gegen Ende der 90er Jahre eine EDV-Durchdringung der Unternehmen von 67% im Bereich PPS, jeweils 57% in den

Anwendungsbereichen CAD und CAM, 45% im Bereich CAP und 38% im Bereich CAQ [KÖHL/ESSER/KEMMNER/FÖRSTER 1989] (vgl. Abb.1-1).[1]

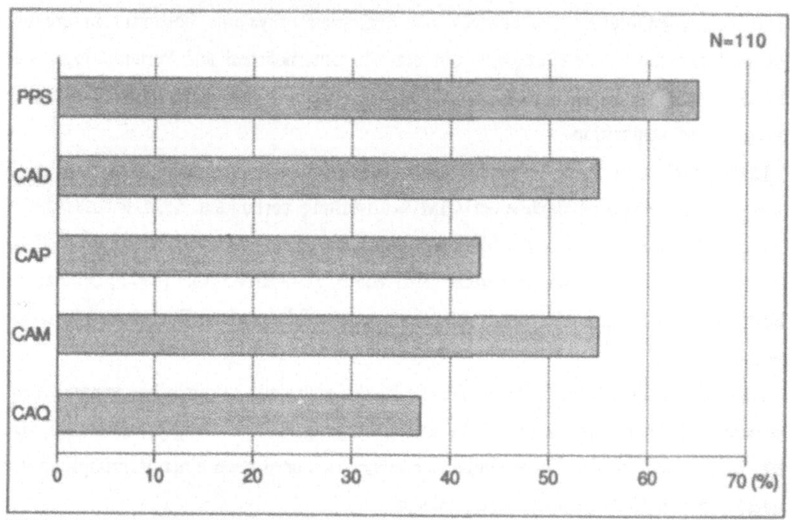

Abb. 1-1: Erwartete EDV-Durchdringung bis Ende der 90er Jahre in den CIM-Funktionsbereichen [in Anlehnung an: KÖHL/ESSER/KEMMNER/FÖRSTER 1989, S. 87]

Nach den ersten Erfahrungen mit EDV-Systemen, die primär auf die Verarbeitung von Massendaten ausgelegt waren, kristallisierten sich für den Einsatz in den Bereichen der Produktion viele Unzulänglichkeiten heraus.

Zu der Forderung nach einer schnellen und kostengünstigen Datenverarbeitung gesellte sich bald die wichtige Forderung der Anwender, in den Programmablauf situationsabhängig eingreifen zu können und Ergebnisse schnell und für bestimmte Fragestellungen komprimiert darzustellen. Probleme der Datenaufbereitung, d.h. der Datenzusammenführung und -selektion, und der auf den Benutzer abgestimmten anschaulichen Darstellung gewannen zunehmend an Bedeutung.

Die EDV-Systeme mußten dazu von einer batch-orientierten Verarbeitung auf einen Dialogbetrieb umgestellt werden. Neben einer alphanumerischen Informationsdarstellung wurden Möglichkeiten zur graphischen Aufbereitung von Daten entwickelt und zum Einsatz gebracht. Dies geschah zunächst vorrangig für EDV-Anwendungen im Konstruktionsbereich.

---

[1] Die Erläuterung der Kurzbezeichnungen erfolgt in Abschnitt 2.1.

1.1 Problemstellung

Die zunehmende Durchdringung der Unternehmen mit EDV-Systemen unterschiedlichster Art brachte das Problem der Inkompatibilität und damit der sogenannten "Papierschnittstellen" mit sich. Diese sind dadurch gekennzeichnet, daß eine Datenübertragung zwischen zwei Systemen A und B derart erfolgt, daß der Output des Systems A zunächst über einen Drucker zu Papier gebracht wird. Diese Daten werden anschließend von Benutzern des Systems B abgelesen und über die Tastatur des Systems B wieder eingegeben. Probleme treten vor allem dort auf, wo bestimmte Daten gleichzeitig auf mehr als einem System verwaltet werden. Steht eine Änderung dieser redundanten Daten an, so muß sie auf allen Systemen nach Möglichkeit gleichzeitig durchgeführt werden. Zumindest muß gewährleistet sein, daß die Änderung auf allen Systemen erfolgt ist, bevor diese Daten von weiteren Funktionen abgefragt oder erneut geändert werden. Kann dies nicht garantiert werden, entstehen zwischenzeitlich Inkonsistenzen in den Datenbeständen und damit in den Entscheidungsgrundlagen der verschiedenen Benutzer.

Das Problem der Redundanzen und Inkonsistenzen von Datenbeständen resultiert zu einem großen Teil daraus, daß der Funktions- und Datenumfang der einzelnen Systeme nicht aufgrund einer Gesamtbetrachtung aller betrieblichen Funktionen, sondern parallel zu den steigenden Ansprüchen der Anwender entwickelt wird. Diese Systeme werden heute als Standard-CIM-Komponenten angeboten. Die Bezeichnung "Standard" steht dabei weniger für einen normierten Standard-Funktions- und Datenumfang der Komponenten als vielmehr für schlüsselfertige EDV-Systeme, die den gewünschten Funktionsumfang im Rahmen der Vorstellungen des Anbieters mehr oder weniger vollständig abdecken sollen.

Nicht selten resultieren hieraus für den betrieblichen Anwender Redundanzen in den Datenbeständen der eingesetzten Komponenten. Redundanzen bei Funktionen sind ebenfalls nicht ausgeschlossen. Während das Auftreten von Redundanzen im Bereich der Funktionen relativ unkritisch ist, da ihre Nutzung ggf. auch unterbleiben bzw. auf einfache Weise unterbunden werden kann, werden Redundanzen im Bereich der Datenhaltung schnell zum ständigen Problem.

Die Anwender fordern, daß ein einmal erfaßtes Datum auf allen EDV-Systemen, wo es benötigt wird, verfügbar sein muß. Um besagte Inkonsistenzen zu vermeiden, wird meist ergänzt, daß eine nur einmalige, d.h. redundanzfreie Datenhaltung anzustreben ist.

Viel diskutiert ist daher die Frage nach der richtigen Form der Datenverteilung auf die eigenständigen CIM-Komponenten. Aus Anbietersicht gibt es hierfür zwei Lösungsansätze: zum einen die Schaffung sogenannter integrierter Systeme, die eine Verschmelzung bestimmter betrieblicher Funktionen mit den zugehörigen Daten bewirken (Beispiel: integrierte Materialwirtschaft). Zum anderen wird die Entwicklung von Kommunikationsmitteln verstärkt, die einen Datenaustausch zwischen unterschiedlichen EDV-Systemen erlauben.

In integrierten EDV-Systemen unterliegen alle Funktionen und Daten einer zentralen Kontrolle. Autorisierte Benutzer haben unmittelbaren Zugang zu allen Funktionen und Daten des EDV-Systems. Auch in integrierten EDV-Systemen können Redundanzen auftreten. Diese sind jedoch für den Benutzer nicht erkennbar. Sie dienen dazu, die internen Zugriffspfade zu bestimmten Daten möglichst flexibel und gleichzeitig effizient zu gestalten. Die Verwaltung der redundanten Daten unterliegt vollständig der Kontrolle des integrierten EDV-Systems. Nachteile solcher Systeme sind in der zunehmenden Komplexität zu sehen und in dem überproportional wachsenden Aufwand bei der technischen Ausstattung, um Ausfallsicherheit und kurze Antwortzeiten bei hoher Benutzerzahl zu gewährleisten.

EDV-Konzepte mit mehreren eigenständigen Systemen, zwischen denen ein Datenaustausch möglich ist, erlauben den Benutzern meist nur den auf ein System beschränkten Zugang zu Funktionen und Daten. Der Zugriff auf Funktionen und Daten über mehrere Systeme hinweg ist zudem meist mit erheblich längeren Antwortzeiten verbunden. Hier treten deshalb häufig Datenredundanzen zwischen den Systemen auf, um jedes einzelne System von den anderen weitgehend unabhängig zu machen. Die Vorteile solcher dezentralen Konzepte liegen in der geringeren Komplexität und höheren Robustheit des Gesamtsystems gegen Komponentenausfall.

Die Frage nach der richtigen Funktions- und Datenverteilung auf dezentrale Systeme kann nicht allgemeingültig beantwortet werden. Die konkreten betrieblichen Anforderungen hinsichtlich Häufigkeit und Dringlichkeit einer Funktionsausführung sowie die damit verbundenen Anforderungen an Art und Umfang der Datenverarbeitung müssen in angemessener Weise Berücksichtigung finden. Ein Beispiel soll dies verdeutlichen (vgl. Abb. 1-2). Ein Unternehmen setzt für die Funktionen der Arbeitsplanung und für die Funktionen der Produktionsplanung und -steuerung zwei Programmsysteme auf zwei Rechnern ein. Zu entscheiden ist die Frage, auf welchem System die fertigen Arbeitspläne verwaltet werden sollen.

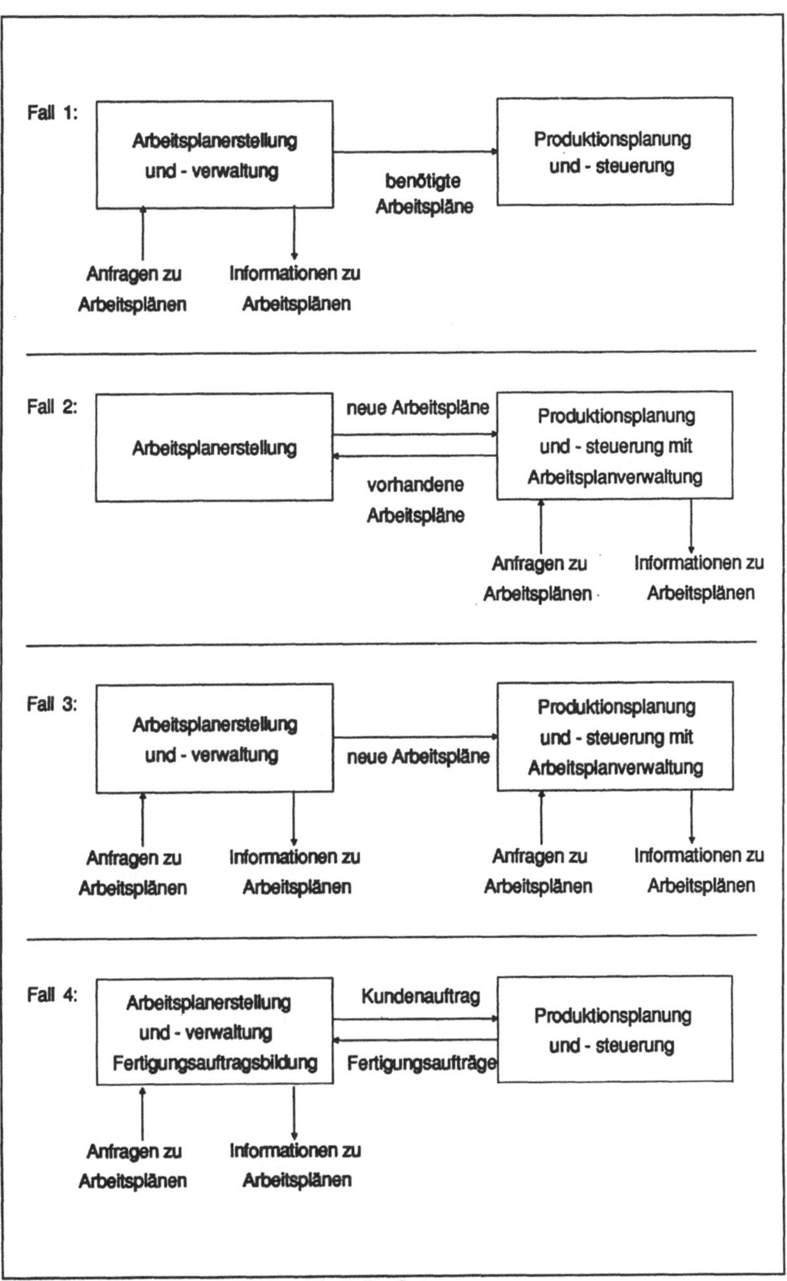

Abb. 1-2: Zuordnung von Arbeitsplandaten bei verteilten Systemen

Fall 1:

Zunächst erscheint es naheliegend, diese Aufgabe dem System zu übertragen, mit dem auch die Erstellung der Arbeitspläne durchgeführt wird. Im Rahmen einer neuen Arbeitsplanerstellung kann dann vom Benutzer schnell auf bereits vorhandene Arbeitspläne zurückgegriffen werden, um hieraus neue abzuleiten. Dies erscheint sinnvoll, wenn häufig neue Arbeitspläne erstellt werden, die eine große Ähnlichkeit mit bereits vorhandenen Arbeitsplänen aufweisen.

Zum Funktionsumfang der Produktionsplanung und -steuerung gehört es, auf der Basis von Arbeitsplänen und Kundenaufträgen die Fertigungaufträge zu erstellen. Die Funktion "Fertigungsauftragsbildung" müßte bei dieser Form der Datenzuordnung nach Bedarf die notwendigen Arbeitspläne vom anderen System anfordern. Im Rahmen einer "normalen" Auftragsabwicklung sind zunächst keine Probleme zu erwarten. In der betrieblichen Praxis sind jedoch unvorhergesehene Situationen keine Seltenheit. Sie äußern sich häufig in ungeplanten Eilaufträgen, die möglichst schnell durch alle Produktionsbereiche durchgeschleust werden sollen. Im Fall 1 entsteht zwischen den beiden EDV-Systemen eine zeitkritische Schnittstelle. Der Anwender muß daher die erforderlichen Kommunikationsmittel so auswählen, daß sie in hohem Maße ausfallsicher und schnell sind.

Fall 2:

Es ist nun ebenfalls denkbar, daß die Aufgaben der Arbeitsplanverwaltung dem System zufallen, auf dem die PPS-Funktionen abgewickelt werden. Dann könnte die Werkstattauftragsbildung unabhängig von Zugriffen auf das andere System erfolgen. Sofern bei der Erstellung neuer Arbeitspläne auf bereits vorhandene zurückgegriffen werden soll, müssen diese seitens der Arbeitsplanung eigens angefordert werden.

Fall 3:

Bei der in Fall 1 und 2 skizzierten Art der Funktionsverteilung kann neben einer nur einmaligen Zuteilung der Arbeitsplandaten auch eine redundante Datenhaltung erwogen werden. Sie würde für eine hohe Autonomie des PPS-Systems bei der Werkstattauftragsbildung sorgen und gleichzeitig im Bereich der Arbeitsplanerstellung einen schnellen Zugriff auf verfügbare Arbeitspläne garantieren. Hierbei müßte allerdings sichergestellt sein, daß das datengenerierende System (Arbeitsplanerstellung) das datenverarbeitende System (PPS) über alle neu erstellten Arbeitspläne so schnell wie möglich benachrichtigt.

Fall 4:

Um gerade den Fall der Eilaufträge zu berücksichtigen, wäre es allerdings auch denkbar, daß die Funktion der Werkstattauftragsbildung aus den übrigen PPS-Funktionen herausgelöst und dem Funktionsblock zur Arbeitsplanerstellung zugeschlagen wird. Bei Eingang eines Eilauftrages würde dann im "Normalfall" dieser Auftrag im Rahmen der Kundenauftragserfassung angelegt und das andere System über den Eingang des Kundenauftrages benachrichtigt. Dies könnte durch eine online-Übertragung der zu diesem Auftrag benötigten Teilenummern geschehen. Bei einem Ausfall des Kommunikationsmittels könnten die notwendigen Teilenummern aber auch direkt am zweiten System eingegeben werden. Zur Produktionssteuerung könnten die fertigen Werkstattaufträge dem System zur Produktionsplanung und -steuerung zurückgeschickt oder auch einem ebenfalls eigenständigen Steuerungssystem übergeben werden.

Wie dieses Beispiel zeigt, können Funktions- und Datenumfang der eingesetzten Komponenten erheblichen Einfluß auf Art und Umfang der auszutauschenden Daten sowie Zeitpunkt und Häufigkeit des Datenaustausches haben. Hieraus ergeben sich Anforderungen an die Leistungsfähigkeit der Kommunikationsmittel, die bei einer konkreten Auswahl zu berücksichtigen sind, um eine reibungslose, schnelle Auftragsabwicklung zu gewährleisten.

Die Vielfalt der am Markt verfügbaren CIM-Komponenten mit unterschiedlichem Funktions- und Datenumfang ist mit ein Grund, weshalb es kein echtes Standard-CIM-System gibt und es auch in Zukunft nicht geben wird. Seitens der betrieblichen Anwender besteht jedoch der Wunsch, das unternehmenseigene CIM-System unter Verwendung von Standard-CIM-Komponenten aufzubauen [vgl. KÖHL/ESSER/ KEMMNER/FÖRSTER 1989, S. 67].

Die Realisierung eines unternehmenseigenen CIM-Systems sollte daher immer mit den folgenden zwei Schritten beginnen:

1. Analyse sämtlicher im Rahmen des Gesamtsystems anfallenden Funktionen und Daten.
2. Synthese geeigneter Funktionen und Daten zu eigenständigen Komponenten.

Anhand eines solchen Konzeptes wird es dem Anwender ermöglicht, zu beurteilen, welche realen CIM-Komponenten seinen Anforderungen am ehesten gerecht werden. Er ist darüber hinaus in der Lage, den ggf. erforderlichen Anpassungsaufwand für die Integration bestimmter Komponenten grob abzuschätzen. Ziel eines solchen Gestaltungsprozesses sollte es sein, ein leistungsstarkes und robustes Gesamtsystem zu erhalten, das zudem trotz seiner Komplexität überschaubar und damit beherrschbar ist.

1.2 Zielsetzung

Im Rahmen dieser Arbeit soll ein Instrumentarium entwickelt und erprobt werden, das es erlaubt, auf der Basis konkreter betrieblicher Anforderungen Vorschläge für ein dezentrales EDV-Konzept für CIM zu erarbeiten.

Die Ausgangsbasis bildet die real vorhandene bzw. die angestrebte betriebliche Organisation, auf die die EDV-Lösung abgestimmt werden muß. Für diese Abstimmung werden die Anforderungen hinsichtlich der Häufigkeit der einzelnen Funktionsausführung sowie die damit verbundenen Anforderungen an Art und Umfang der Datenverarbeitung herangezogen. Das Instrumentarium soll es ermöglichen Teilsysteme zu konfigurieren, die in ihrem Leistungsumfang auf die Anforderungen einzelner organisatorischer Bereiche zugeschnitten sind und deren Leistung weitgehend unabhängig von der Verfügbarkeit anderer Teilsysteme und von der Verfügbarkeit der Kommunikationsmittel erbracht werden kann. Hierduch kann ein EDV-Konzept entstehen, das sich gegen Komponentenausfall robust verhält. Außerdem ist es möglich, die Komplexität des Gesamtsystems für die Benutzer transparent und damit beherrschbar zu machen.

Die Anwendung des Instrumentariums soll primär Entscheidungshilfen für die Datenverteilung und Datenstrukturierung liefern. Eine Funktionsverteilung wird im wesentlichen als sachlich gegeben vorausgesetzt, wobei keine Einschränkungen in der Art der Funktionsausführung bestehen. Das Instrumentarium ist damit sowohl für den Fall einsetzbar, in dem Abläufe automatisiert werden sollen, als auch für den Fall, in dem Menschen die Funktionen ausführen sollen.

2. Begriffsbestimmung

2.1 CIM (Computer Integrated Manufacturing)

CIM ist - wie bereits gesagt - die Abkürzung für "Computer Integrated Manufacturing", zu Deutsch "rechnerintegrierte Produktion". Lange Zeit standen Anwender, die sich mit CIM auseinandersetzten, vor dem Problem, daß eine Übereinstimmung in der Definition und Interpretation des Begriffes nur mit Mühe festzustellen war und meist eine intensive Auseinandersetzung mit dem Anbietervokabular erforderte [vgl. CIM-RECHERCHE 1985].

Dieses Problem führte zu der Notwendigkeit einer begrifflichen Klärung, die 1984 vom Ausschuß für Wirtschaftliche Fertigung e.V. unter Mitwirkung namhafter Forschungsinstitute in Angriff genommen und ein Jahr später der Fachwelt präsentiert wurde [HACKSTEIN 1985]. Nach dieser Empfehlung steht CIM für den Einsatz von EDV-Systemen in den "technisch-organisatorischen Betriebsbereichen", die in der Abb. 2-1 dargestellt sind.

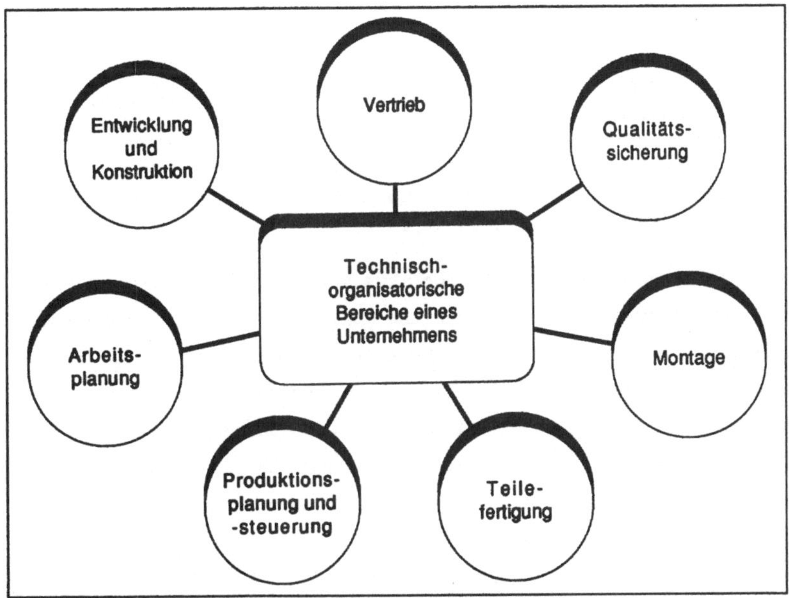

Abb. 2-1: Technisch-organisatorische Bereiche eines Unternehmens [AWF 1985]

2.1.1 CIM-Funktionsbereiche

Die AWF-Empfehlung definiert 5 CIM-Funktionsbereiche (vgl. Abb. 2-2). Nach dieser Definition gehören alle die Funktionen zu CIM, die in der bislang bekannten Begriffswelt als "Funktionen zur technischen Auftragsabwicklung" bezeichnet werden. Die Abgrenzung dieser CIM-Funktionsbereiche entspricht weitgehend den bekannten, funktionsorientierten Betriebsstrukturen.

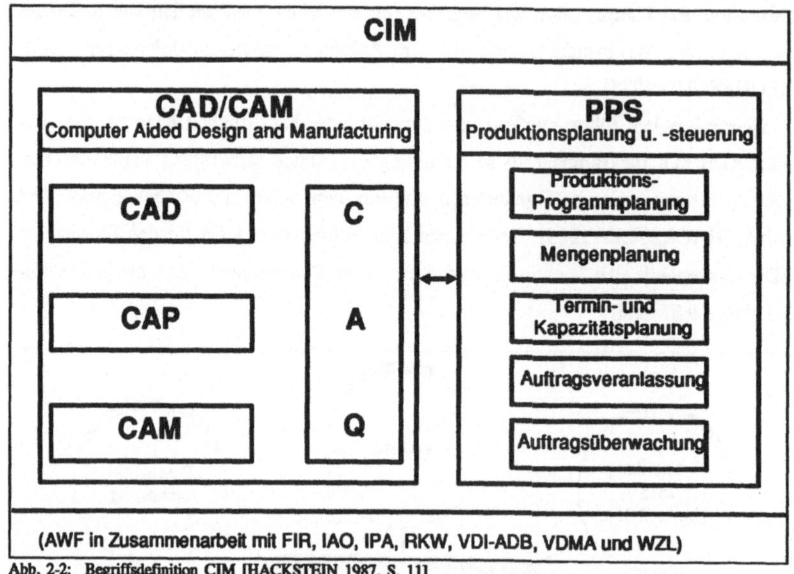

Abb. 2-2: Begriffsdefinition CIM [HACKSTEIN 1987, S. 11]

"CAD ist ein Sammelbegriff für alle Aktivitäten, bei denen die EDV direkt oder indirekt im Rahmen von Entwicklungs- und Konstruktionstätigkeiten eingesetzt wird. Dies bezieht sich im engeren Sinn auf die graphisch-interaktive Erzeugung und Manipulation einer digitalen Objektdarstellung, z. B. durch die zweidimensionale Zeichnungserstellung oder durch die dreidimensionale Modellbildung. ... Im weiteren Sinne bezeichnet CAD allgemeine technische Berechnungen mit und ohne graphische Ein- und Ausgabe. Funktionszuordnung: Entwicklungstätigkeit, technische Berechnungen, Konstruktionstätigkeit, Zeichnungserstellung.

CAP bezeichnet die EDV-Unterstützung bei der Arbeitsplanung. Hierbei handelt es sich um Planungsaufgaben, die auf den konventionell oder mit CAD erstellten Arbeitsergebnissen der Konstruktion aufbauen, um Daten für Teilefertigungs- und Montageanweisungen zu erzeugen. Darunter wird verstanden: Die rechnerunterstützte Planung der Arbeitsvorgänge und der Arbeitsvorgangsfolgen, die Auswahl von Verfahren und Betriebsmitteln zur Erzeugung der Objekte sowie rechnerunterstützte Erstellung von Daten für die Steuerung der Betriebsmittel des CAM. Funktionszuordnung: Arbeitsplanerstellung, Betriebsmittelauswahl, Erstellung von Teilefertigungsanweisungen, Erstellung von Montageanweisungen, NC-Programmierung.

CAM bezeichnet die EDV-Unterstützung zur technischen Steuerung und Überwachung der Betriebsmittel bei der Herstellung der Objekte im Fertigungsprozeß. Dies bezieht sich auf die direkte Steuerung von Arbeitsmaschinen, verfahrenstechnischen Anlagen, Handhabungsgeräten sowie Transport- und Lagersystemen. Funktionszuordnung: Fertigen, Handhaben, Transportieren, Lagern.

CAQ bezeichnet die EDV-unterstützte Planung und Durchführung der Qualitätssicherung. Hierunter wird einerseits die Erstellung von Prüfplänen, Prüfprogrammen und Kontrollwerten verstanden, andererseits die Durchführung rechnerunterstützter Meß- und Prüfverfahren. CAQ kann sich dabei der EDV-technischen Hilfsmittel des CAD, CAP und CAM bedienen. Funktionszuordnung: Festlegen von Prüfmerkmalen, Erstellung von Prüfvorschriften und -plänen, Erstellung von Prüfprogrammen für rechnerunterstützte Prüfeinrichtungen, Überwachung der Prüfmerkmale am Objekt.

PPS bezeichnet den Einsatz rechnerunterstützter Systeme zur organisatorischen Planung, Steuerung und Überwachung der Produktionsabläufe von der Angebotsbearbeitung bis zum Versand unter Mengen-, Termin- und Kapazitätsaspekten. Die PPS-Hauptfunktionen sind: Produktionsprogrammplanung, Mengenplanung, Termin- und Kapazitätsplanung, Auftragsveranlassung, Auftragsüberwachung." [AWF 1985]

Diese Definition von CIM über die Definition von CIM-Funktionsbereichen hat sich in der Fachwelt inzwischen durchgesetzt. Die Definition der CIM-Funktionsbereiche beinhaltet keine Vorschriften über die Möglichkeiten einer CIM-Realisierung.

Mit ihrer Interpretation, was CIM für die betriebliche Praxis bedeutet, knüpft die AWF-Empfehlung an die ursprüngliche Begriffsinterpretation, wie sie erstmals von HARRINGTON benutzt wurde, an. Sie beschreibt den "integrierten" Einsatz der EDV in einem Unternehmen wie folgt: "Kennzeichnend für die Fabrik der Zukunft ist der durchgängige Informationsfluß, bei dem die elektronische Datenverarbeitung in einem bereichsübergreifenden Informationssystem alle mit der Produktion zusammenhängenden Betriebsbereiche verbindet: Vom Entwurf des Produktes über seine Herstellung bis zum Versand an den Kunden. ... CIM beschreibt den integrierten EDV-Einsatz in allen mit der Produktion zusammenhängenden Betriebsbereichen. CIM umfaßt das informationstechnologische Zusammenwirken zwischen CAD, CAP, CAM, CAQ und PPS. Hierbei soll die Integration der technischen und organisatorischen Funktionen zur Produkterstellung erreicht werden. Dies bedingt die gemeinsame, bereichsübergreifende Nutzung einer Datenbasis" [AWF 1985].

2.1.2   CIM-Komponenten

In der betrieblichen Praxis erfolgt der Aufbau eines CIM-Systems nicht durch eine vollständige Neuschöpfung anhand der abstrakten Funktionsbereiche aus der AWF-Empfehlung, sondern durch die Verknüpfung real vorhandener CIM-Komponenten. Als CIM-Komponente gilt dabei jedes in sich funktionsfähige EDV-System, das Aufgaben aus dem technischen-organisatorischen Bereich übernimmt bzw. unterstützt und/oder Daten aus diesem Bereich verwaltet.

CIM-Komponenten müssen somit nicht notwendigerweise die gleiche Abgrenzung des Funktionsumfangs aufweisen wie die Funktionsbereiche in der AWF-Empfehlung. Gerade im Bereich der Produktionsplanung und -steuerung sind oft mehrere eigenständige Programmsysteme für die Produktionsprogrammplanung, die sogenannte Materialwirtschaft und die Werkstattsteuerung im Einsatz.

In der Literatur wird zwischen den Begriffen "CIM-Funktionsbereich" und "CIM-Komponente" wenn überhaupt, nur unscharf differenziert. Die Zuordnung von Funktionen zu CIM-Funktionsbereichen stellt ein rein definitorisches Problem dar. Besteht Einigkeit über die Zuordnung, ist es möglich, eindeutig festzustellen, welche Daten zwischen den CIM-Funktionsbereichen ausgetauscht werden können bzw. müssen. Bei der Betrachtung von CIM-Komponenten ist dies nicht möglich. Der Grund liegt in der Gestaltungsfreiheit bei der Realisierung einer CIM-Komponente, d.h. bei der Festlegung, welche Funktionen sie unterstützen und welche Daten sie verwalten soll. Eine CIM-Komponente kann sich somit auf der einen Seite auf einen Teil eines CIM-Funktionsbereiches beschränken, auf der anderen Seite aber auch Teile mehrerer CIM-Funktionsbereiche abdecken. Abbildung 2-3 verdeutlicht diesen Sachverhalt anhand eines Beispiels.

Der CIM-Funktionsbereich CAP liefert Arbeitsplandaten an den CIM-Funktionsbereich PPS, damit dort die Werkstattauftragsbildung erfolgen kann. Eine Realisierung kann z. B. mit Hilfe von drei Komponenten erfolgen. Eine Komponente umfaßt die Funktionen der Produktionsprogrammplanung und Mengenplanung, eine zweite Komponente die der Arbeitsplanerstellung und -verwaltung sowie der Termin- und Kapazi-

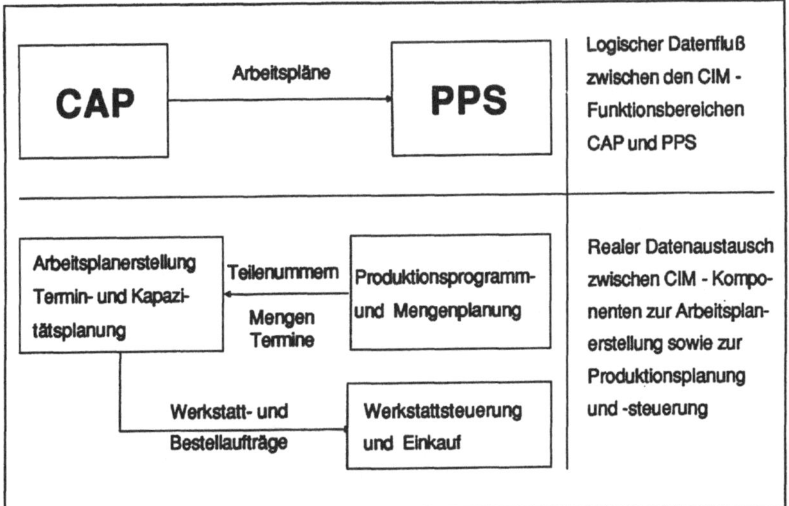

Abb. 2-3: Logischer und realer Datenaustausch zwischen CIM-Funktionsbereichen und CIM-Komponenten

tätsplanung, und eine dritte Komponente wird zur Produktionssteuerung eingesetzt. Zum einen müssen dann Teilenummern mit Mengen- und Terminangaben, zum anderen Werkstatt- und Bestellaufträge übergeben werden.

Das Beispiel zeigt deutlich, daß die begriffliche Festlegung von CIM keine Aussagen über die Form einer CIM-Realisierung macht. Insbesondere ist der Grad der Dezentralisierung sowie Art und Umfang der Datenverwaltung in keiner Weise vorgeschrieben. Damit ist auch die Form des Datenaustausch zwischen den einzelnen Komponenten nicht festgelegt.

2.2 Integration

Der Begriff der Integration nimmt im Rahmen der CIM-Diskussion eine zentrale Stellung ein. Jedoch findet man gerade in der ingenieurwissenschaftlichen und informationstechnischen Literatur nur wenige Beiträge, die sich mit diesem Begriff auseinandersetzen. Eine Vorreiterposition nimmt hier eher die betriebswirtschaftlich orientierte Literatur ein. Eine umfangreiche Literaturanalyse und Darstellung der wichtigsten Interpretationen im Rahmen der Organisationslehre und Informationstechnik liegt beispielsweise der Arbeit von HÜBNER [1979] zugrunde.

Nach LEHMANN [1980a, S. 976] wird Integration "im allgemeinen Sprachgebrauch meist zur Kennzeichnung eines Vorgangs (bzw. Ergebnisses) verwendet, durch den aus sich gegenseitig ergänzenden Teilen eine neue umfassende Einheit geschaffen wird. .. Demnach handelt es sich bei der Integration um eine spezielle Form der Verknüpfung von Elementen zum Ganzen eines Systems". Nach BROCKHAUS [1981] wird unter Integration das "Verschmelzen bisher eigenständiger, jedoch zusammengehöriger Elemente zu einem Ganzen" verstanden. In MEYERS Großem Taschenlexikon [1987] wird Integration als "Zustand der harmonischen, konfliktfreien Zueinanderordnung verschiedener Elemente eines Systems ..." definiert.

Aus den oben angeführten Definitionen wird deutlich, daß der Begriff Integration gleichermaßen zur Beschreibung eines Zustandes wie zur Beschreibung eines Prozesses verwendet wird. Diese sprachliche Ungenauigkeit läßt sich umgehen, wenn im Zusammenhang mit Zustandsbeschreibungen von einem "integrierten System" gesprochen wird, wobei zur Differenzierung verschiedener "Integrationszustände" (Integrationsstufen) weitere Attribute, wie z. B. vollständig oder schwach, herangezogen werden können.

Integration bezeichnet dann den Prozeß, der ein System in eine höhere Integrationsstufe überführt. Dieses Überführen kann durch ein Verschmelzen mindestens zweier Elemente erfolgen, so daß diese Elemente fortan nicht mehr isoliert betrachtet werden können. Eine andere Möglichkeit besteht im Aufbau einer (weiteren) Beziehung zwischen eigenständigen Elementen, die bisher nicht bestanden hat, jetzt aber den Austausch bestimmter Informationen zwischen den beiden Elementen erlaubt. Elemente eines EDV-Systems im Sinne dieser Definition sind Funktionen und Daten. Die Integration von EDV-Systemen wird daher sowohl durch die Integration von Funktionen als auch durch die Integration von Daten gekennzeichnet.

Ein praktisches Problem der Integration liegt darin, daß die Veränderungen eines Elements eine Anpassung der anderen Elemente initiiert, die - wenn auch sie sich verändern - wiederum Rückkopplungseffekte erzeugen können. Diesen Sachverhalt beschreibt LEHMANN [1980a, S. 977] folgendermaßen: "Die Ausrichtung der einzelnen Elemente auf den Systemzweck erfolgt in der Weise, daß Veränderungen eines Elements nicht auf dieses beschränkt bleiben, sondern sich auch auf die anderen Elemente des Systems und damit auf das System insgesamt auswirken". Diese theoretische Betrachtung macht bereits deutlich, daß Integration die Reaktionsfähigkeit eines Systems steigert, da sich Umwelteinflüsse, die auf einzelne Elemente des Systems wirken, rasch auf das gesamte System übertragen. Zum anderen wird aber auch deutlich, daß damit alle durch die Umwelt einwirkenden Störungen rasch das ganze System stören können. Detaillierte Darstellungen dieser Zusammenhänge geben

folgende Autoren: LOCHSTAMPFER [1974], NIEMEYER [1977], HÜBNER [1979]
und JIRASEK [1977].

Entscheidend für das Verhalten eines integrierten Systems sind also insbesondere
die Elemente, die planmäßig mehr oder weniger ständig Veränderungen unterliegen.
Bei EDV-Systemen, die sich durch eine hohe Unveränderlichkeit der implementierten
Funktionen auszeichnen, ist es daher sinnvoll, bei der Betrachtung des Integrationsver-
haltens besonders die Auswirkung der Datenintegration zu berücksichtigen. Die
Untersuchung der Integration kann somit bei CIM-Systemen und CIM-Komponenten,
deren Funktionen in hohem Maße vorgegeben ist, auf die Untersuchung der Datenintegration beschränkt werden.

2.3 Daten, Nachrichten, Informationen

"Daten sind mit Hilfe genau bestimmter, fixierter Zeichen dargestellte Nachrichten
bzw. Informationen. Sie sind stets an bestimmte Trägermedien gebunden" [HACK-
STEIN 1988, S. 42]. Daten in EDV-Systemen beschreiben Zustände, die durch das
Einwirken von Funktionen Veränderungen unterliegen. Die Mitteilung solcher Zu-
standsänderungen erfolgt über die Weitergabe von Daten zwischen den einzelnen
Funktionen. Je schneller Daten übermittelt werden, umso eher können die Empfän-
ger reagieren. Treten Verzögerungen ein, verzögern sich notwendigerweise auch die
Reaktionen.

Während mit dem Begriff "Daten" primär die Möglichkeit der symbolischen Beschreibung realer Sachverhalte angesprochen wird, deutet der Begriff "Nachricht" darauf hin, daß durch die Möglichkeit der symbolischen Beschreibung Sachverhalte
mitgeteilt werden können. "Im weitesten Sinne bezeichnet man mit Nachricht jede
Mitteilung, die einen anderen erreichen kann." [LÖBEL/MÜLLER/SCHMID 1982,
S. 451]. "Nachrichten sind Aussagen jeglicher Art, im allgemeinen in schriftlicher
oder mündlicher Form. Die Art der Übertragung ist von sekundärer Bedeutung."
[HACKSTEIN 1988, S. 42]. Eine Nachricht macht objektive Aussagen über einen
Sachverhalt, einen Vorgang oder einen Zustand [vgl. hierzu auch FLECHTNER 1969,
S. 63; KRAMER 1965, S. 20]. Zu beachten ist hierbei, daß Nachrichten sowohl aus
der symbolischen Bedeutung jedes einzelnen Datums resultieren, als auch aus deren
Zusammenhang, indem durch syntaktische Regeln der Gesamtheit der Symbole weitere
Bedeutungen mitgegeben werden können. Allerdings muß nicht jede Nachricht vom

Empfänger verstanden werden. "Möglicherweise erkennt er sie nicht - bedingt z. B. durch die Trägheit oder fehlende Vorkenntnisse." [GAST 1985, S. 6 f.].

"Unter einer "Information" wird im allgemeinen eine Nachricht verstanden, die eine für den Empfänger wesentliche Aussage enthält" [HACKSTEIN 1988, S. 42]. SCHNEIDER [1976, S. 213] bezeichnet dementsprechend Informationen als den "Inhalt einer Datenübertragung, ... die ihren Empfänger zur Auswahl einer bestimmten Verhaltensweise bewegen". Während er die Nachrichten als "im Wesen wertfrei" beschreibt, ist für ihn die Information "wertbetont". Information ist also eine "... Nachricht, die den Empfänger zur Auswahl und Entscheidung, zu einem bestimmten Verhalten, insbesondere Denkverhalten, veranlaßt". Jede Information "setzt sich als eine ... Folge von endlich vielen physikalischen Signalen zusammen, die mit bestimmten Wahrscheinlichkeiten oder Häufigkeiten auftreten. .. sie .. hat mehr subjektiven als objektiven Charakter" [SCHNEIDER 1976, S. 145]. Diese Definition entspricht weitgehend auch der Interpretation des Informationsbegriffs in der Informationstheorie nach TOPSOE [1975]. Er beschreibt den Informationsgehalt einer Nachricht als ein Maß dafür, welche Unsicherheit beim Empfänger beseitigt wird.

Es lassen sich in den Definitionen verschiedener Fachbücher und Lexika Gemeinsamkeiten bei der Definition und Interpretation der Begriffe Daten, Nachricht und Information erkennen. Sie werden im folgenden zusammenfassend so dargestellt, wie sie im Rahmen dieser Arbeit verwendet werden.

Der Begriff "Datum" wird als ein symbolisches Element verstanden. In diesem Sinne sind Daten am ehesten mit Zeichen oder Signalen zu umschreiben.

Der Begriff "Nachricht" weist darauf hin, daß Daten aufgrund ihres symbolischen Charakters eine gewisse Bedeutung haben. Die Bedeutung einer Nachricht ergibt sich dabei sowohl aus der Bedeutung jedes einzelnen in ihr enthaltenen Datums, als auch aus deren strukturellem Zusammenhang, d.h. der Syntax, nach der sie zusammengestellt worden sind. Diese Aussagen können über den Transport der Daten von einem Sender an einen oder mehrere Empfänger übermittelt werden. Art und Umfang einer Nachricht werden allein durch den Sender bestimmt. Der Empfänger kann auf den Sender lediglich gewissen Einfluß nehmen, indem er bestimmte Nachrichten anfordert.

Der Begriff "Information" betont über die Symbol- und Syntaxebene hinaus die Semantik von Zeichen. Die Mitteilung über einen Sachverhalt kann vom Empfänger unterschiedlich interpretiert werden. Eine Nachricht als Information zu bewerten setzt voraus, daß sie den Empfänger über (neue) Sachverhalte in Kenntnis setzt. Wichtig ist hierbei, welchen Kenntnisstand der Empfänger bereits hat. Dies setzt voraus, daß er über ein Gedächtnis verfügt. Erhält ein Empfänger z. B. mehrmals hintereinander von einem Sender dieselbe Nachricht, so stellt die Nachricht selbst für ihn keine Neuigkeit mehr dar, trotzdem beinhalten wiederkehrende gleiche Nachrichten eine Information, nämlich daß sich über eine gewisse Zeit bestimmte Sachverhalte nicht geändert haben, obwohl dies in der Nachricht explizit nicht enthalten ist. Information bezeichnet damit den für einen Empfänger verwertbaren Gehalt einer Nachricht. Art und Umfang der Information einer Nachricht werden vom Empfänger bestimmt.

Nach dieser begrifflichen Festlegung ist es korrekt, bei der EDV-technischen Weitergabe von Daten lediglich von einer Nachrichtenbereitstellung seitens der EDV-Systeme und von einer Informationsbeschaffung seitens der damit arbeitenden Menschen zu sprechen. Mit dieser Unterscheidung wird deutlich, daß allein das Vorhandensein von Daten und deren Verbreitung in Form von Nachrichten eine notwendige jedoch keine hinreichende Voraussetzung für einen funktionierenden Informationsfluß darstellt. Dieser läuft zudem häufig technisch unkontrolliert und unkontrollierbar ab [vgl. ANDREWS/KENT 1986].

2.4 Datenintegration

Der Begriff der Datenintegration beinhaltet, wie oben dargestellt, zwei Aspekte. Zum einen wird damit die Integration eigenständiger EDV-Systeme über den Austausch von Daten bezeichnet; dies entspricht dem Aufbau von Beziehungen. Zum anderen steht der Begriff für die Integration der Daten zu einer (logischen) Komponente, dies entspricht einem Verschmelzen von zuvor eigenständigen Elementen (Datenbeständen) zu einem neuen Ganzen (vgl. Abb. 2-4).

SCHOLZ [1988] bezeichnet lediglich die zweite Form der Verknüpfung als Integration, während er bei der ersten Form der Verknüpfung von Kopplung spricht. "Die Integration unterscheidet sich von der bloßen Kopplung dadurch, daß dem Gesamtsystem ... ein einheitliches Modell mit einer allgemeinen für alle Anwendungen gültigen Daten- und Speicherstruktur zugrunde liegt." [SCHOLZ 1988, S. 23].

Mit der Integration der Daten in ein einheitliches Modell wird bewirkt, daß alle Daten einer gemeinsamen (nicht notwendigerweise zentralen) Kontrolle und Verwaltung unterliegen können. Eine direkte Übermittlung von Daten zwischen einzelnen Funktionen entfällt, da die Datenverwaltung keiner Funktion oder Gruppe von Funktionen (CIM-Komponente) unterstellt ist. Änderungen der Daten sind damit für alle Funktionen sofort verfügbar.

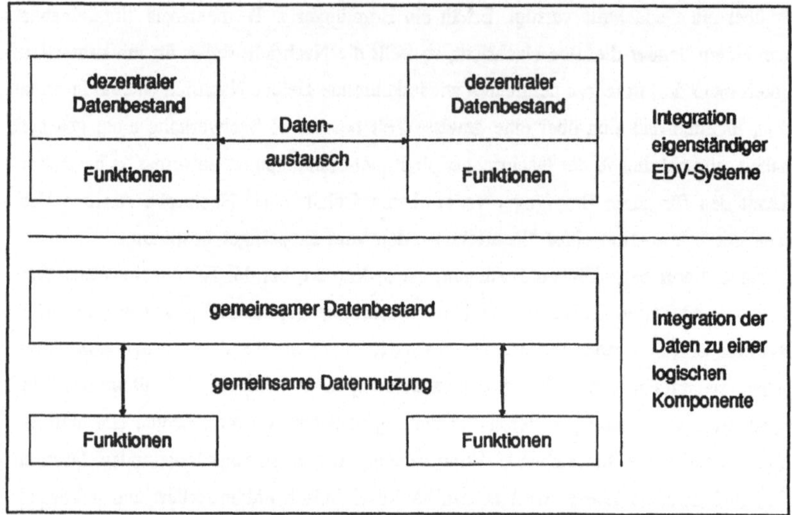

Abb. 2-4: Die zwei Aspekte der Datenintegration

Eine andere Sichtweise nimmt TREULING [1988, S. 13] ein. Er definiert Datenintegration aus der Sicht des Anwenders und beschreibt im Hinblick auf den betrieblichen Nutzen die Datenintegration folgendermaßen: "Datenintegration bedeutet die
gemeinsame Nutzung von Daten durch unterschiedliche EDV-Funktionen."

Im Rahmen dieser Arbeit soll Datenintegration ebenfalls unter dem Aspekt der
Nutzung gesehen und beurteilt werden. Datenintegration umfaßt damit beide anfangs
vorgestellten Aspekte gleichermaßen, die Integration von Systemen durch Datenaustausch, d.h. die Integration über Daten, und die Integration der Daten selbst.

3. Bedeutung der Datenintegration für CIM

Mit dem Begriff Datenintegration verbindet sich der Anspruch, durch eine EDV-technische Erfassung, Speicherung und Verwaltung, sowie Transport und Darstellung betrieblicher Daten, einen effizienten Nachrichten- und Informationsfluß zu verwirklichen. Die Organisation des Nachrichtenflusses muß gewährleisten, daß der Informationsbedarf aller betrieblichen Aufgabenträger gedeckt werden kann.

Die Frage nach der Bedeutung der Datenintegration für CIM muß an den mit CIM verfolgten Zielen gemessen werden. Hierbei lassen sich inzwischen zwei Tendenzen erkennen, die je nach Anwendungsgebiet in der Fachwelt unterschiedlich stark betont werden. Zum einen sind es technisch-wirtschaftliche Ziele, zum anderen arbeitsorganisatorisch-humane Ziele.

Technisch-wirtschaftliche Ziele betonen primär die Eigenschaften EDV-technischer Systeme, die eine weitgehende Automatisierung der Produktion erlauben und damit durch hohe Nutzungszeiten von Betriebsmitteln und hohe Zuverlässigkeit in der Funktionserfüllung einer wirtschaftlichen Produktion förderlich sind.

Arbeitsorganisatorisch-humane Ziele stellen dagegen primär die Überlegenheit des Menschen heraus, unabhängig und flexibel, d.h. nicht programmiert, handeln zu können. Der Vorteil einer weitreichenden EDV-Unterstützung wird hier vor allem darin gesehen, daß durch die Entlastung von Routinearbeit die menschlichen Fähigkeiten im Produktionsprozeß besser zur Geltung gebracht werden können. Hierzu zählt vor allem die menschliche Fähigkeit, Daten im Zusammenhang interpretieren zu können, sich damit "ein Bild über bestimmte Situationen zu machen" und hierauf flexibel reagieren zu können.

BRAUN/FÖRSTER/VORSPEL-RÜTER [1988, S. 19] nennen zwei "Zielsetzungen der CIM-Philosophie", auf die sich die aufgeführten Ziele zurückführen lassen. Zum einen sehen sie das Ziel der "Rationalisierung von Datenfluß und Datenverwaltung", zum anderen "die Optimierung von Aufbau- und Ablauforganisation".

Beim ersten Aspekt stehen eindeutig transportorientierte Gesichtspunkte, d.h. die Kopplung von Systemen zur schnellen Abwicklung des Datenaustausches, im Vordergrund. Bei der Optimierung der Aufbau- und Ablauforganisation hingegen werden, wie auch von anderen Autoren [BÜHNER 1986; BULLINGER/AUCH 1987; ESSER/KEMMNER 1988; GANTERT 1987; REFA 1987, S. 31; SAUERBREY 1989], vor allem die Vorteile einer Funktionsintegration gesehen.

3.1 Technisch-wirtschaftliche Ziele

Im Rahmen einer schriftlichen Expertenbefragung [KÖHL/ESSER/KEMMNER/ WEN-
DERING 1988] kristallisierten sich die "Reduzierung der Durchlaufzeiten", die "Erhöhung der Flexibilität am Markt", die "Reduzierung der Lagerbestände", die "Steigerung
der Termintreue" sowie die "Erhöhung der innerbetrieblichen Flexibilität" als die wichtigsten Ziele einer CIM-Realisierung heraus (vgl. Abb. 3-1). Alle genannten Ziele

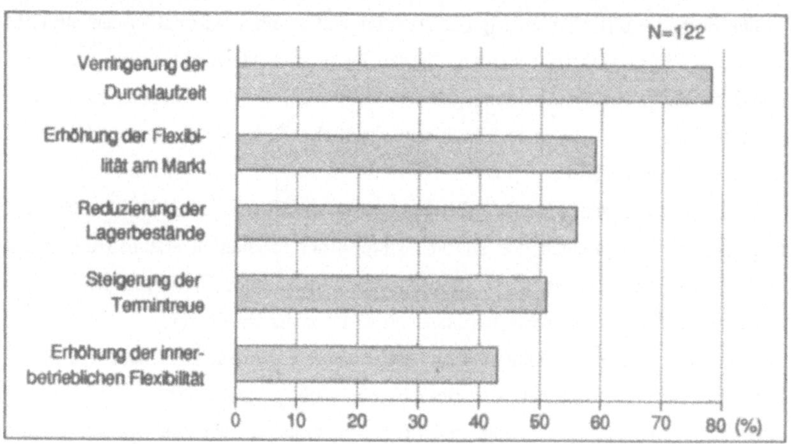

<u>Abb. 3-1</u>: Die fünf wichtigsten Ziele, Ergebnisse einer Expertenbefragung

deuten auf die Notwendigkeit eines schnellen und zuverlässigen Datenflusses zwischen
den Aufgaben der technischen Auftragsabwicklung hin, der mit Hilfe konventioneller,
d.h. nicht EDV-technischer Mittel kaum zu realisieren ist. Als typische Schwachstellen des Informationsflusses bei konventionellen Hilfsmitteln und der damit
verbundenen Ablauforganisationen sind zu nennen:

- Daten, die ausschließlich an einen bestimmten physisch zu transportierenden
  Datenträger gebunden sind (z. B. Materialbegleitkarte), können nur an der Stelle abgefragt werden, wo sich der Datenträger gerade befindet.

- Aufgrund des relativ langsamen Datenflusses ist es erforderlich, Daten, die für
  mehrere Mitarbeiter(innen) im schnellen Zugriff liegen müssen, als Kopie vor
  Ort zu verwalten. Zur Pflege solcher redundanten Daten ist für einen funktionierenden Änderungsdienst zu sorgen. Inkonsistenzen in den Datenbeständen sind
  jedoch systematisch kaum festzustellen, da sie einen manuellen Abgleich
  erfordern.

- Der Austausch von Daten zwischen einer datengenerierenden und datenverarbeitenden Stelle (Aufgabe) erfolgt häufig über eine an sich unbeteiligte Vermittlungsstelle (Zentrale), was zu zusätzlichen Verzögerungen in der Datenweitergabe führt.

Während mit dem Einsatz von EDV-Systemen als Insellösung in vielen Bereichen bereits beachtliche Rationalisierungserfolge erzielt werden konnten, erfolgt die Weitergabe von Daten zwischen den EDV-Systemen häufig noch manuell oder über Datenträger. Damit weisen die Übergänge dieser Systeme ebenfalls die oben genannten Schwachstellen auf. Zur Ausschaltung dieser Schwachstellen bietet sich die online-Datenübertragung zwischen den einzelnen EDV-Systemen an. Sie trägt erheblich zur Beschleunigung des Datenaustausches bei und senkt gleichzeitig die Fehlerrate auf ein technisch machbares Minimum.

Die Forderung nach Flexibilität, wie sie aus Abb. 3-1 hervorgeht, zeigt aber auch, daß es nicht reicht, Integration als einen deterministischen Ablauf von Aufgaben auf der Basis vorbestimmter, festgelegter Datentransporte zu verstehen. Diese Form der Integration beinhaltet bestenfalls eine sehr eingeschränkte Flexibilität, nämlich genau die, die auch programmiert worden ist.

3.2 Arbeitsorganisatorisch-humane Ziele

EDV-Systeme sind in der Lage, wohl definierte, d.h. formalisierte Aufgaben schnell und mit hoher Genauigkeit zu erfüllen. Der ökonomische Einsatz bedingt entweder, daß die erzielbare Genauigkeit in dem Ausmaß erwünscht ist, die den Aufwand einer formalen Beschreibung rechtfertigt, oder die Wiederholhäufigkeit derart hoch ist, daß sich die einmalige formale Beschreibung lohnt. Heute werden zeitaufwendige Such-, Sortier-, Rechen- und Auswerteaufgaben vielfach von EDV-Systemen übernommen. Gleichermaßen entfallen diese Tätigkeiten für den Menschen, was dazu führt, daß ein hoher Anteil komplizierter Aufgaben bei den Mitarbeiter(inne)n verbleibt. Diese sind häufig durch den Einsatz von EDV-Systemen stark formalisiert und lassen nur wenig Spielraum für die individuelle Gestaltung von Arbeitsabläufen. Beides zusammen kann zu einer Überforderung der Mitarbeiter(innen) führen, wenn keine geeigneten arbeitsorganisatorischen und qualifikatorischen Maßnahmen zur Förderung der Mitarbeiter(innen) getroffen werden.

Die Ziele "Förderung der Mitarbeiter(innen)" und "Erhöhung der Flexibilität" sind aber erst dann zu erreichen, wenn Handlungsspielräume geschaffen bzw. erhalten bleiben. Dies hat maßgebliche Folgen für bestehende Formen der Arbeitsorganisation. Mit der Nutzung von EDV-Systemen erwachsen neue Möglichkeiten, Aufgabenzuschnitte zu gestalten. Es besteht die Chance, Mitarbeiter(inne)n einen größeren Einfluß- und Verantwortungsbereich zu übertragen. Dies steht in Einklang mit wichtigen arbeitspsychologischen Forderungen nach Schaffung, beziehungsweise Erhaltung von Entscheidungsbefugnissen und Dispositionsspielräumen, sowie ganzheitlicher und anspruchsvoller Arbeitsinhalte für die im Produktionsprozeß eingebundenen Mitarbeiter(innen) [vgl. hierzu auch HEEG/SCHREUDER 1986]. Dabei ist darauf zu achten, daß Kommunikationschancen und Lernchancen erhalten bleiben, indem z. B. teamorientierte Arbeitsformen gefördert werden. Diese Forderungen können in arbeitsorganisatorischer Hinsicht durch eine Funktionsintegration realisiert werden. Mit Funktionsintegration wird die Zusammenfassung mehrerer Aufgaben an einem Arbeitsplatz und damit deren Bündelung auf eine Person oder Gruppe bezeichnet [SCHEER 1986]. Hiermit ist meist der Wunsch verbunden, daß alle zur Aufgabenbewältigung benötigten EDV-Funktionen und die erforderlichen Daten von einem Terminal aus angesprochen werden können, unabhängig davon, auf welchem Rechnersystem sie sich befinden. Um ihre Aufgaben erfüllen zu können, benötigen die Mitarbeiter(innen) bei derart neugestalteten Arbeitsplätzen meist mehr Informationen als sie für ihr bisheriges Tätigkeitsfeld benötigten. Durch eine geeignete Datenintegration, bei der alle erforderlichen Daten an einem Arbeitsplatz bereitgestellt werden können, kann die Abwicklung mehrerer ineinandergreifender Aufgaben beschleunigt werden. Dies kann umso besser verwirklicht werden, wenn für die Bearbeitung größerer Aufgabenblöcke auf einen Datenaustausch mit anderen Zuständigkeitsbereichen oder EDV-Systemen verzichtet werden kann. Mit Hilfe konventioneller Mittel lassen sich diese Forderungen nicht erfüllen. Hierfür sind in der Regel folgende Schwachstellen verantwortlich:

- Das Zusammenstellen von Daten für andere Abteilungen oder Mitarbeiter(innen) orientiert sich am Kenntnisstand derjenigen, die über die Daten verfügen. Häufig gibt es für bestimmte Daten mehrere Adressaten, so daß nach der Zusammenstellung die Weiterleitung über Verteilerlisten erfolgt. Jeder Empfänger interessiert sich meist nur für einen Teilbereich der Daten, d.h. die Zusammenstellung der Daten ist in der Regel nur unzureichend auf den (die) Empfänger abgestimmt, so daß den Empfänger einerseits Daten erreichen, die für ihn überflüssig sind, zum anderen Datenlücken entstehen, die durch zusätzliche Datenquellen geschlossen werden müssen.

- Das Zusammenstellen von Daten aus unterschiedlichen Quellen erfordert nicht selten umfangreiches Abschreiben und fällt unter die Kategorie Routinearbeit. Sie stellt meist einen beträchtlichen aber unproduktiven Arbeitsaufwand dar und ist zudem fehleranfällig.

Durch den Einsatz von EDV-Systemen ist prinzipiell die Möglichkeit einer flexiblen Datenauswertung gegeben. Über den schnellen Transport und die schnelle Ausführung von Such-, Sortier- und Rechenoperationen können Daten zusammengeführt werden, die im Unternehmen verstreut anfallen und ohne EDV-Unterstützung in vertretbarer Zeit nicht beschafft und ausgewertet werden könnten.

Das Zusammenstellen von Daten für bestimmte Aufgaben kann automatisch vom EDV-System und damit für die Mitarbeiter(innen) unsichtbar durchgeführt werden. Dies setzt allerdings voraus, daß bereits ausreichende Kenntnisse darüber vorliegen, welche Zusammenstellungen für die verschiedenen Adressaten erforderlich sind.

3.3 Funktionsintegration durch Datenintegration

Im folgenden soll auf den wichtigen Aspekt der Funktionsintegration näher eingegangen werden. Häufig wird in der Literatur die Auffassung vertreten, daß eine Funktionsintegration die Datenintegration voraussetzt [vgl. z. B. SAUERBREY 1988]. Erfahrungen aus der Praxis machen allerdings deutlich, daß eine Funktionsintegration keine zwangsläufige Folge von Datenintegration ist. Die Ergebnisse einer Breitenerhebung des Instituts für Sozialwissenschaftliche Forschung (ISF) in München [SCHULTZ-WILD/NUBER/REHBERG/SCHMIERL 1989] und die Ergebnisse von 9 Betriebsuntersuchungen des Forschungsinstituts für Rationalisierung (FIR) in Aachen [KÖHL/ESSER/KEMMNER/FÖRSTER 1989] zeigen auch, daß trotz fortgeschrittener EDV-Durchdringung in den Unternehmen auf dem Gebiet der Funktionsintegration im Rahmen von CIM-Realisierungen bisher nur wenig Veränderungen stattgefunden haben (vgl. Abb. 3-2). Bestätigt werden solche Beobachtungen auch durch SAUERBREY [1988]. Die Auswertung der Befragungsergebnisse zeigt ferner, daß zum Teil sogar eine gegenläufige Tendenz zur Funktionsintegration, nämlich eine Verstärkung der Arbeitsteilung, festzustellen ist. Zunehmende EDV-Durchdringung kann trotz bestehender Kopplung einzelner Systeme durch online-Datenübertragung der Funktionsintegration entgegenwirken. Die Vermutung liegt nahe, daß formal bestehende arbeitsteilige Betriebsstrukturen durch EDV-Systeme bestätigt und damit festgeschrieben werden [vgl. hierzu auch HIRSCH-KREINSEN 1986; HEEG 1988a; SAUERBREY

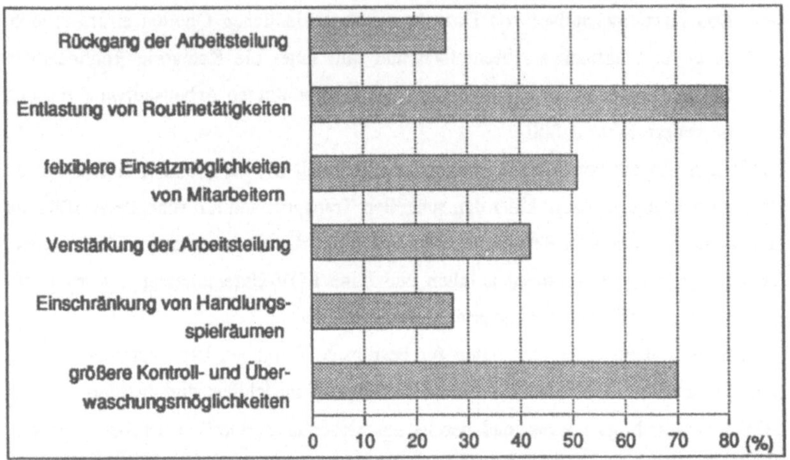

Abb. 3-2: Arbeitsorganisatorische Veränderungen im Zuge von EDV-Einführung [in Anlehnung an: SCHULTZ-WILD/NÜBER/REHBERG/SCHMIERL 1989]

1981]. HIRSCH-KREINSEN [1986, S. 13-48] fand bei vergleichbarem Technologieeinsatz durchaus unterschiedliche Organisationsformen, was zeigt, daß weder der Rückgang noch die Zunahme der Arbeitsteilung zwingend ist. Im Rahmen der Untersuchungen durch das FIR zeigte sich, daß die bereits realisierten EDV-technischen Kopplungen nicht ausreichen, um den Informationsbedarf eines Sachbearbeiters an einem Terminal zu decken. Einige Unternehmen stellen ihren Mitarbeiter(inne)n mehrere Terminals an den Arbeitsplatz, die jeweils zu verschiedenen EDV-Systemen gehören. Die Informationsbeschaffung ist für die Mitarbeiter(innen) umständlicher, aber meist mit vertretbarem Aufwand möglich. Ein Nachteil solcher Lösungen, bei denen allein der Mensch der integrierende Faktor ist, liegt darin, daß ohne eine erneute Eingabe keine gemeinsame EDV-technische Verarbeitung dieser Daten möglich ist.

Auch wenn die Technik nicht mehr allein den ersten Rang bei einer CIM-Realisierung einnimmt, muß diese noch immer als wesentlicher Einflußfaktor gewertet werden. Zwischen der Technik und anderen betrieblichen Einflußgrößen (Personal, Organisation, Unternehmenskultur) bestehen wechselseitige Beziehungen, die sich im Rahmen einer CIM-Realisierung verändern [vgl. KÖHL/ESSER/KEMMNER/FÖRSTER 1989, S. 221 ff.]. Positive wie negative Auswirkungen einer weitreichenden EDV-Durchdringung werden leicht unterschätzt, wenn EDV-Systeme dabei lediglich als neue Organisationsmittel verstanden werden. EDV-Systeme sind im Vergleich zu konventionellen Organisationsmitteln wie z. B. Hängeregistern und Plantafeln in der Lage, ungleich komplexere Sachverhalte zu speichern und zueinander in Beziehung zu setzen. Konventionelle Organisationsmittel können dadurch, daß sie meist auf Abteilungsebene eingesetzt werden und im wahrsten Sinne des Wortes begreifbar sind, durch die Mitarbeiter(innen) der Abteilung selbst gepflegt werden. Die Pflege von EDV-Systemen durch die Fachabteilungen ist dagegen nicht mehr in jedem Fall möglich.

Gegenüber konventionellen Organisationsmitteln, bei denen das Datenhandling ausschließlich bei den Mitarbeiter(inne)n liegt, wird diese Funktion von den EDV-Systemen mit übernommen. Die Pflege eines EDV-Systems beinhaltet damit nicht nur die Pflege der abgespeicherten Daten, sondern auch die Pflege der zu ihrer Auswertung vorhandenen Programme. Größere Unternehmen begegnen diesem Problem meist durch die Einrichtung sogenannter Systemstellen [vgl. KÖHL/ESSER/ KEMMNER/FÖR-STER 1989, S. 44], deren Aufgabe darin besteht, die Fachabteilung bei den EDV-Anwendungen zu unterstützen. Es wäre daher falsch, in der Einführung von EDV-Systemen zur Datenverwaltung, -verarbeitung und -weitergabe ausschließlich Vorteile zu sehen. Mit dieser gehen gleichermaßen Vorteile konventioneller Lösungen verloren, was häufig zu neuen Problemen führt. Diese Probleme lassen sich zu einem großen Teil durch eine vorausschauende Planung und Gestaltung vermeiden, wenn es dadurch gelingt, eine hohe Übereinstimmung der (dezentralen) EDV-Struktur mit der (dezentralen) betrieblichen Organisation zu erreichen. Damit ist es grundsätzlich möglich, auch die Verantwortung für die Pflege der EDV-Systeme den einzelnen Fachabteilungen zu übertragen. Dies wirkt sich nach REUTER [1988] positiv auf die Akzeptanz aus. Ein weiteres Problem stellt sich bei der Installation von Rechnernetzen, da hier unter Umständen die Zuständigkeiten für die Systempflege neu geregelt werden müssen. BELLMANN/WITTMANN [1987] empfehlen für den Bürobereich eine "kommunikationsorientierte Zentralisation organisatorischer Betreuungsaufgaben", womit erreicht werden soll, daß sich ein Benutzer mit seinen Problemen immer an die gleiche Person wenden kann.

Der Anwender sollte sich darüber im klaren sein, daß neben den Stärken auch Schwächen EDV-technischer Realisierungen durch eine zunehmende Integration verstärkt werden können. Während das eine sicherlich gewünscht ist, muß es Ziel jeder Gestaltung sein, Art und Umfang der Integration so zu beschränken, daß sie nicht zu einer Zunahme der unvermeidbaren Nachteile führt. Datenintegration ist somit weitaus mehr als die EDV-technische Verknüpfung von CIM-Komponenten. Sie ist das Ergebnis eines Gestaltungsprozesses der betrieblichen Organisation.

4. Stand der Forschung bei der Gestaltung der Datenintegration

Um die EDV-technischen Möglichkeiten der Datenintegration nutzbar zu machen, bedarf es Modelle zur Beschreibung betrieblicher Funktionen und Abläufe, die die Basis für die Realisierung entsprechender Anwendungssoftware darstellen. Hierzu sind vor allem in den 70er Jahren, vorwiegend von betriebswirtschaftlicher Seite, allgemeine Funktions- und Datenflußmodelle zur Beschreibung betrieblicher Abläufe entwickelt worden. Die Darstellung solcher allgemeinen Modelle erfolgt dabei meist unter Verwendung EDV-technischer Symbole.

Relativ wenige Arbeiten beschäftigen sich dagegen mit dem Problem, wie auf der Basis allgemeiner Regeln reale betriebliche Strukturen auf EDV-Strukturen abgebildet werden können.

4.1 Allgemeine Modelle

Eine umfassende Darstellung betrieblicher Funktionen und Abläufe geben KÖSTER/ HETZEL [1971]. In ihrer Arbeit entwickeln sie ein Beschreibungssystem mit 10 Arbeitsbereichen und 90 Arbeitsgebieten und geben eine detaillierte Beschreibung anhand eindeutig verwendeter Begriffe. Sie betrachten die Analyse von Funktionen als unabdingbare Voraussetzung zur Gestaltung der Datenintegration. "Wenn man nun weiß, wie die Aufgaben zu erfüllen sind, kann man auch angeben, welche Informationen in den Aufgaben einerseits gebraucht werden und andererseits entstehen. Der Informationsfluß zwischen den Aufgaben läßt sich feststellen. Die Informationen selbst lassen sich eindeutig bestimmen. ... Dabei zeigt sich, daß viele Aufgaben mit mehreren Dateien verknüpft sind, eine Erscheinung, die Datenintegration erforderlich macht." [KÖSTER/HETZEL 1971, S. 111]. Aus der damaligen Sicht verständlich, gehen sie allerdings bei den mehrfach genutzten Daten ausschließlich von einer zentralen Datenverwaltung aus. "Zentrale Dateien stehen grundsätzlich außerhalb der Teilmodelle. Sie dienen allen Teilmodellen und stehen den maschinellen Aufgaben, wo erforderlich, zur Verfügung." [KÖSTER/HETZEL 1971, S. 115]

Mit ihrem Analyseansatz verfolgen sie das Ziel über die Definition sogenannter Teilmodelle möglichst unabhängige Teilsysteme zu bilden. "Bei der Abgrenzung der Teilmodelle ist darauf geachtet, daß möglichst geschlossene Arbeitsabläufe zusammen gefaßt sind. Der Informationsfluß zu anderen Teilmodellen erfolgt entweder über zentrale Dateien (zwischen maschinellen Aufgaben) oder durch manuelle Aufgaben bzw. Belege. Die direkte Verbindung zwischen zwei maschinellen Aufgaben ist in keinem Fall durch eine Teilmodellgrenze unterbrochen." [KÖSTER/ HETZEL 1971, S. 116]

Eines der bekanntesten allgemeinen Modelle dürfte das Kölner Integrationsmodell (KIM) sein, das in den 70er Jahren am Betriebswirtschaftlichen Institut für Organisation und Automation an der Universität zu Köln (BIFOA) entwickelt wurde. "Bei diesem Modell ... handelt es sich ... um ein integriertes Gesamtmodell, in dem die für den operativen Bereich industrieller Datenverarbeitungssysteme charakteristischen Zusammenhänge - unter Abstraktion von unternehmensindividuellen Gegebenheiten - in Form eines umfassenden Beschreibungsmodells abgebildet sind." [GROCHLA 1974, S. 45]

Gegenstand des Integrationsmodells sind primär betriebswirtschaftliche Funktionen, wie z. B. Funktionen der kaufmännischen Auftragsplanung und -abrechnung sowie Kosten- und Ergebnisplanung. Es umfaßt insgesamt 343 Funktionen und 1446 verbindende Datenkanäle, die angeben, welche Daten wie sortiert, selektiert oder verdichtet zwischen den Funktionen ausgetauscht werden [vgl. GROCHLA 1974, S. 55]. Angaben über die Art der Datenverwaltung bleiben dabei offen. Als Basis für eine Gestaltung der Datenintegration ergeben sich bei dieser Art der Darstellung Probleme, da sich Kanalinhalte überschneiden, und zum Teil sogar vollständig redundant aufgeführt werden. Hier bedürfte es weiterer rechnergestützter Methoden, um diese Angaben in ihrer Gesamtheit zu erfassen und einem Gestaltungsprozeß zugänglich zu machen.

Weitere allgemeine Modelle findet man bei KAISERAUER [1986] und FRISCH [1986]. Auch diese Modelle wurden entwickelt, um Anhaltspunkte zu haben, welche Funktionen und Daten überhaupt im Rahmen eines betrieblichen EDV-Einsatzes zu berücksichtigen sind, und wie sie ineinandergreifen. Hinweise für eine Funktionen- und Datenverteilung auf verteilte Systeme gehen hieraus ebensowenig hervor wie aus den oben beschriebenen Arbeiten.

4.2 Spezielle Modelle und Verfahren

Praxisorientierte Lösungsvorschläge zur Gestaltung der Datenintegration bei bereits vorhandenen EDV-Systemen geben KERNLER [1979] und SCHEER [1986].

KERNLER löst das Problem der Dezentralisierung, indem er die bestehenden innerbetrieblichen Strukturen nicht in Frage stellt, sondern als Ausgangspunkt seiner
Teilsystembildung übernimmt. Dies geschieht dadurch, daß jedem EDV-System alle
Elemente der logischen Datenbank zugeordnet werden, die es für seine Auf-
gabenkomplexe benötigt (siehe Abb. 4-1). Eine hohe Redundanz wird damit bewußt
in Kauf genommen.

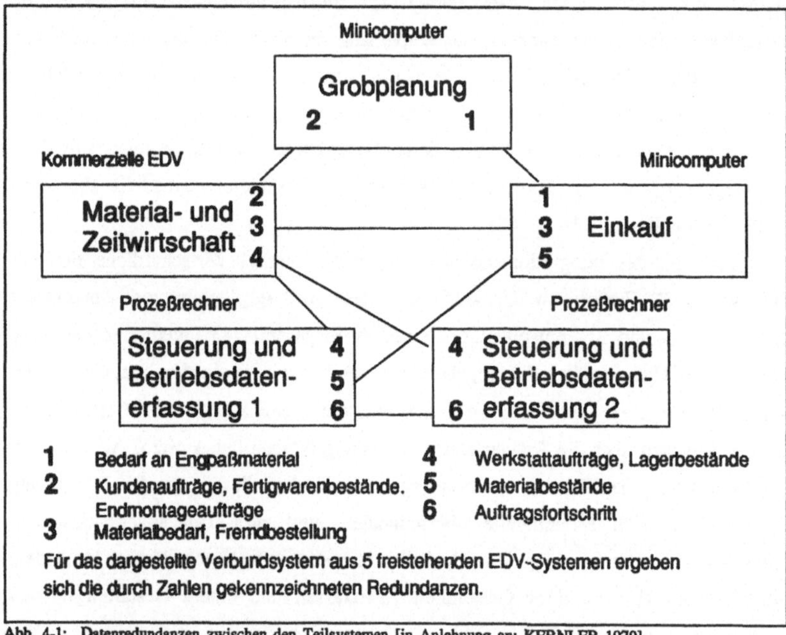

<u>Abb. 4-1</u>: Datenredundanzen zwischen den Teilsystemen [in Anlehnung an: KERNLER 1979]

Die Kommunikation zwischen den Teilsystemen beschränkt sich auf den Austausch
von Änderungsdaten ("Bringsystem"). Widersprüche bei Änderungen werden daduch
ausgeschlossen, daß für jedes logische Datenelement festgelegt ist, welches Teilsystem
über die Änderungshoheit verfügt. Die Aktualität der Datenbestände hängt im
wesentlichen von den eingesetzten Übertragungsmedien ab; KERNLER schließt bei
seinem Konzept eine off-line Kopplung nicht aus.

Das von KERNLER vorgestellte Konzept legt das Gewicht bei einer dezentralen
EDV auf die Unabhängigkeit der Teilsysteme. Dies hat den Vorteil einer hohen
Ausfallsicherheit des gesamten Systems gegenüber Komponentenausfall. Die Arbeit
der einzelnen Teilsysteme wird durch den Ausfall anderer zunächst nicht beein-

trächtigt. Für die Einsatzmöglichkeit eines solchen Konzeptes werden von KERN-LER selbst Einschränkungen in Bezug auf den Aufgabenbereich vorgenommen. Es hat sich gezeigt, "daß der Funktionsverbund einfach und problemlos auf beliebigen Rechnersystemen verwirklicht werden kann, soweit es sich

- um große Datenbanken

- mit relativ geringem Änderungsaufkommen und

- um wenig zeitkritische Anwendungen handelt." [KERNLER 1979]

SCHEER [1986] gibt eine allgemeine Bewertung software-technischer Möglichkeiten zur Realisierung einer Datenintegration. Er definiert fünf Stufen für die Datenintegration (vgl. Abb. 4-2), wovon er die ersten drei mit den heutigen Mitteln für realisierbar hält.

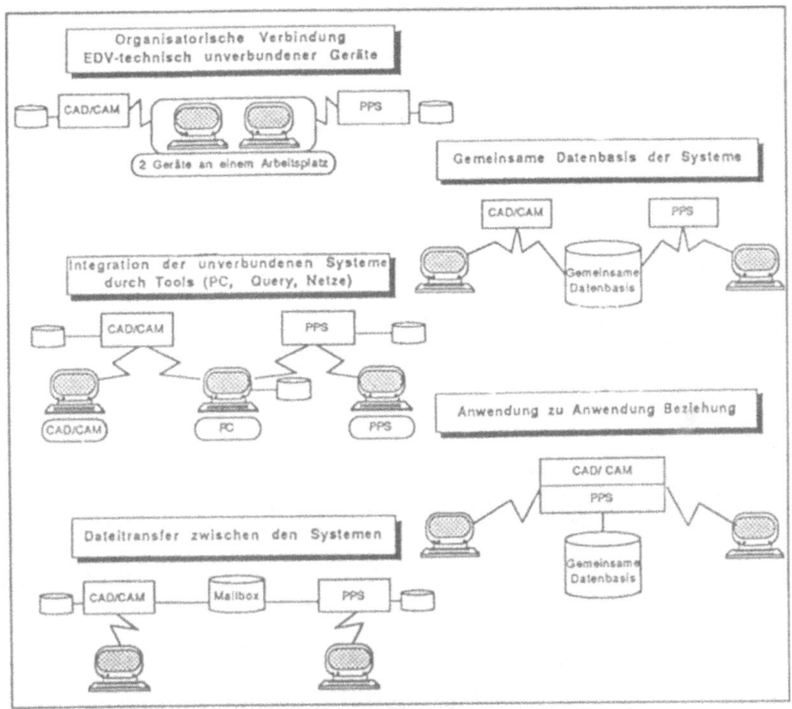

Abb. 4-2: Fünf Stufen der Datenintegration nach SCHEER [1987]

Einen sicherlich für die Praxis bedeutenden Schritt stellt die Entwicklung des CIM-Handlers dar [GRÖNER/KRUPPKE 1986; GRÖNER/ROTH 1987]. Er arbeitet gewissermaßen als übergeordnete Koordinationsstelle für den Austausch von Daten zwischen unterschiedlichen CIM-Komponenten. Die Struktur der CIM-Komponenten bleibt dabei unangetastet. Trotzdem darf nicht übersehen werden, daß die Funktionsfähigkeit des Gesamtsystems von der Verfügbarkeit einer solchen zentralen Instanz maßgebend geprägt wird. Beeinträchtigungen durch Ausfall oder Überlastung des CIM-Handlers sind unvermeidbar.

Die an der TU Berlin entwickelte Methode zur Kommunikationsstrukturanalyse (KSA) [KRALLMANN 1988] sowie das Verfahren von AUGUSTIN [1981] verfolgen dagegen einen eher gestaltenden Ansatz. KSA erlaubt es, auf der Basis einer realen Kommunikationsstruktur die Auswirkungen einer EDV-technisch unterstützten Kommunikation auf die betrieblichen Organisationseinheiten (Abteilungen, Stellen) zu untersuchen.

AUGUSTIN [1981] geht nicht von festen Funktionsgruppen aus, sondern versucht Teilsysteme zu erhalten, indem er Aufgabengebiete auf ihre Teilsystemfähigkeit hin untersucht. Zu diesem Zweck erstellt er ein Modell für den innerbetrieblichen Kommunikationsfluß, das Aussagen über Kommunikationswege und -intensität macht. In dem Modell werden - zunächst ohne besondere Berücksichtigung des EDV-Einsatz - alle Kommunikationswege festgehalten, die auf irgendeine Weise bei der Durchführung einzelner Funktionen zustandekommen. Sein Ausgangsmodell umfaßt 14 Aufgabengebiete (s. Abb. 4-3).

```
o Produktentwicklung          o Lagerwesen
o Volumenplanung              o Fertigungsauftragsabwicklung
o Angebotsbearbeitung         o Qualitätswesen
o Kundenauftragsabwicklung    o Fertigungsmittelbau
o Arbeitsplanung              o Werkserhaltung
o Disposition                 o Personalwesen
o Beschaffung                 o Rechnungs- und Berichtswesen
```

Abb. 4-3: Aufgabengebiete nach AUGUSTIN [1981]

Bei der Betrachtung eines Aufgabengebiets werden bestehende organisatorische Verhältnisse ausgeklammert. Die Aufgabengebiete sind in ca. 100 Teilaufgaben unterteilt. Zwischen den Teilaufgaben gibt es ca. 500 typische Datenströme.

Aus dem Gesamtsystem werden nun solche Gruppen von Elementen gebildet, die eine "starke Verknüpfung" aufweisen. Kriterien für eine Gruppenbildung entnimmt AUGUSTIN sogenannten Verfügbarkeitskennzahlen, Datenbestandskennzahlen und

Schnittstellenkennzahlen. Diese sollen die Datenabhängigkeit der Aufgabengebiete ausdrücken. Wie die Kennzahlen ermittelt werden, ist in Abb. 4-4 dargestellt. Für eine Teilsystembildung sind nach AUGUSTIN folgende Fragen zu berücksichtigen:

- Rechtfertigt der Umfang einer Gruppe von Funktionen und Daten die Selbständigkeit als Teilsystem?

- Ist ein hoher DV-Anteil möglich?

- Ist durch die Dezentralisierung eine höhere Flexibilität gegenüber einer zentraler Lösung erreichbar?

```
                           Kurzfristiger Datendurchsatz
                           innerhalb eines Aufgabengebietes
  Verfügbarkeitskennzahl= ----------------------------------
                           Gesamter Datendurchsatz innerhalb
                           eines Aufgabengebietes


                           Datenbestandsströme innerhalb
                           eines Aufgabengebietes
  Datenbestandskennzahl=  ------------------------------
                           Gesamte Datenbestandsströme
                           eines Aufgabengebietes


                           Datendurchsatz innerhalb
                           eines Aufgabengebietes
  Schnittstellenkennzahl= -------------------------
                           Datendurchsatz zu anderen
                           Aufgabengebieten


  Der Begriff Datendurchsatz umfaßt alle Datenströme, die einerseits
  zwischen Datenspeichern und Teilaufgaben stattfinden und anderer-
  seits zwischen den Teilaufgaben ausgetauscht werden. Datenströme
  erfassen dagegen nur den Datenaustausch mit Speichermedien.
```

Abb. 4-4: Ermittlung der Kennzahlen zur Beurteilung der Teilsystemfähigkeit von Aufgabengebieten [AUGUSTIN 1981]

Als Ergebnis der Studie gibt AUGUSTIN an, daß sich das Verhältnis von außerhalb der Aufgabengebiete liegenden Datenbeständen zu innerhalb der Aufgabengebiete liegenden Datenbeständen wesentlich verbessert hat, siehe Abb. 4-5. Konkrete Angaben über die Strukturierung der Daten und Art des Datenaustausches macht er nicht.

Zieht man ausschließlich operationale Kriterien wie Anforderungsvolumen und -häufigkeit in Betracht, so ist es möglich, ein Modell zu entwickeln, das die Kosten für die erforderliche Kommunikation minimiert [vgl. CASEY 1972; CHU 1973]. Mit dem Aufkommen der ersten Rechnernetze wurden besonders in den 70er Jahren Modelle für eine kostenoptimale Datenverteilung entwickelt. Diese Modelle sind allerdings für weit verteilte Netze entwicklelt worden, bei denen die Übertragungskosten

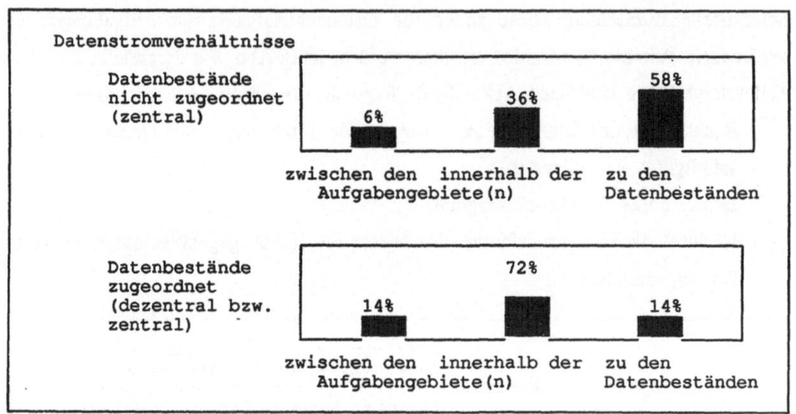

Abb. 4-5: Optimierungsergebnis AUGUSTIN [1981]

über öffentliche Netze einen nicht unerheblichen Kostenfaktor darstellten. Unter Berücksichtigung dieser Kostenfaktoren wird festgelegt, wieviele Kopien der Daten an welchen Stellen gespeichert werden sollen. Modelle für die optimale Verteilung unterscheiden dabei drei Kostengruppen [vgl. MORGAN/LEVIN 1977]:

- Speicherkosten,
- Kommunikationskosten (für Anfragen und Änderungen) und
- Transitkosten.

Speicherkosten ergeben sich aus dem zu speichernden Datenvolumen, sie steigen mit zunehmender Anzahl dezentraler Kopien von Datenbeständen. Kommunikationskosten ergeben sich aus dem Umfang aller Anfragen und Änderungsmitteilungen zwischen den Netzteilnehmern. Kommunikationskosten entstehen durch das Anforderungsverhalten der Netzteilnehmer, die bestimmte Daten abfragen oder ändern. Mit wachsender Anzahl dezentraler Kopien verringern sich netzbelastende Anfragen, gleichzeitig wächst damit aber die Anzahl der Änderungsmitteilungen. Die Entscheidung für eine bestimmte Datenverteilung basiert auf der Annahme eines bestimmten Anforderungsverhaltens aller Netzteilnehmer. Verändert sich das Anforderungsverhalten eines oder mehrerer Netzteilnehmer, kann eine Umorganisation der Datenbestände in Erwägung gezogen werden. In dem Fall fallen Transitkosten für die Neuverteilung der Daten an.

Zusammengefaßt gilt, daß bei geringer Redundanz Speicherkosten und Kommunikationskosten für Änderungsmitteilungen gering, die Kommunikationskosten für Abfragen dagegen hoch sind. Mit zunehmender Redundanz sinken die Abfragekosten, die Speicher- und Änderungskosten steigen. Die Transitkosten sind gering, wenn aufgrund eines stabilen Anforderungsverhaltens eine Umorganisation der Daten nicht erforderlich ist. Sie wachsen an, wenn sich das Anforderungsverhalten über das angenommene Maß ändert, und diese Änderung mit ausreichender Sicherheit für eine gewisse Periode stabil ist. Übereinstimmend weisen alle Autoren darauf hin, daß die Ermittlung der tatsächlichen Kosten erst dann möglich ist, wenn eine bestimmte Verteilung der Daten vorliegt. Die Vielzahl möglicher Verteilungen erlaubt es jedoch nicht, alle Varianten zu berechnen, so daß hier mit heuristischen Methoden gearbeitet werden muß.

Für den lokalen Bereich sind diese Modelle nur bedingt geeignet, da nicht alle Kosten relevant sind, und darüber hinaus andere Anforderungen wie Verfügbarkeit und Antwortzeitverhalten von entscheidender Bedeutung sind.

4.3 Ein Modell zur Entwicklung eines dezentralen PPS-Systems auf der Basis verteilter Datenbestände

Einen interessanten Lösungsansatz zur Gestaltung der Datenintegration beinhaltet die Arbeit von NISSING [1982] zur Entwicklung eines dezentralen PPS-Systems. Hier werden bereits bei der Modellentwicklung betriebsorganisatorische und EDV-technische Gesichtspunkte einer verteilten Datenverarbeitung und -verwaltung berücksichtigt. Elemente dieses Lösungsansatzes sind in der vorliegenden Arbeit zur Gestaltung der Datenintegration für CIM aufgegriffen worden. Der Ansatz von NISSING soll daher ausführlich dargestellt und diskutiert werden.

Grundsätzlich bieten sich zwei Strategien zur Entwicklung dezentraler Strukturen an. Zum einen ist es möglich, von der Modellvorstellung auszugehen, daß aus einem zentralen System "schwach gebundene" Teile abgespalten werden, zum anderen ist es denkbar, im Modell zunächst die völlige Dezentralisierung aller Elemente anzunehmen, aus denen "stark gebundene" Elemente zusammengefaßt werden. Letztere Vorgehensweise wurde von NISSING gewählt. Im ersten Schritt analysiert er die PPS-Funktionen bezüglich ihrer benötigten Daten (vgl. Abb. 4-6). "Die Analyse der PPS-Funktionen bezüglich der benötigten Daten liefert ... die Gesamtmenge aller Datenelemente, die von der Gesamtmenge der PPS-Funktionen angesprochen werden." [NISSING 1982, S. 57] Auf der Basis dieser Analyse erfolgt eine Verteilung der Daten auf die Funktionen. Wegen der großen Zahl der Datenelemente und Beziehungen werden zuvor jedoch aus der Menge der Datenelemente in mehreren Schritten Teilmengen gebildet. "Hier liegt die Überlegung zugrunde, daß häufig mehrere Daten-

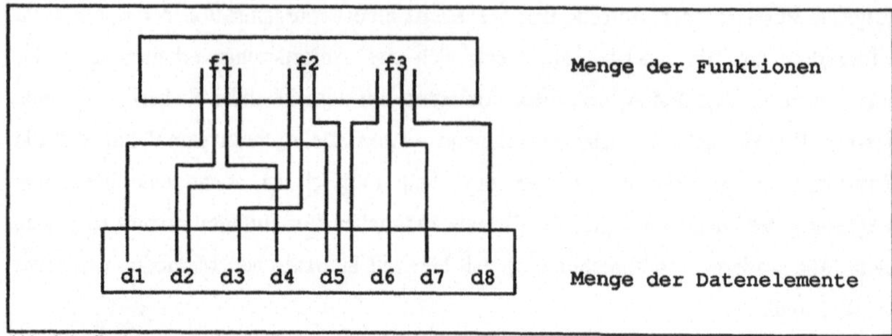

Abb. 4-6: Beziehungen zwischen Funktionen und Datenelementen in Mengendarstellung [in Anlehung an: NISSING 1982, S. 57]

elemente nur gemeinsam angesprochen werden. Sinn der Teilmengenbildung ist es, geeignete (Anm.: gemeint ist "größere und damit weniger") Dateneinheiten für eine Verteilung zu erhalten." [NISSING 1982, S. 58]. Bei der Bildung der Teilmengen muß gewährleistet sein, daß die Teilmengen untereinander disjunkt sind, d.h. daß zwischen ihnen keine Überschneidungen von Datenelementen vorliegen. Disjunkte Teilmengen werden im folgenden als Datengruppen (DG) bezeichnet. NISSING empfiehlt bei der Datengruppenbildung die erste Datengruppe aus den Datenelementen zu bilden, die von der Funktion mit der größten Ausführungshäufigkeit benötigt werden. Die nächste Datengruppe besteht aus den Datenelementen, die von der Funktion mit der zweitgrößten Ausführungshäufigkeit angesprochen werden, abzüglich der Elemente, die bereits in der Datengruppe 1 vorhanden sind, usw.

Im Beispiel aus Abb. 4-6 sind Überschneidungen bei den Datenelementen d2 und d5 zu erkennen. Angenommen f3 sei die am häufigsten ausgeführte und f2 die am zweithäufigsten ausgeführte Funktion, so ergäben sich damit die in Abb. 4-7 darge-

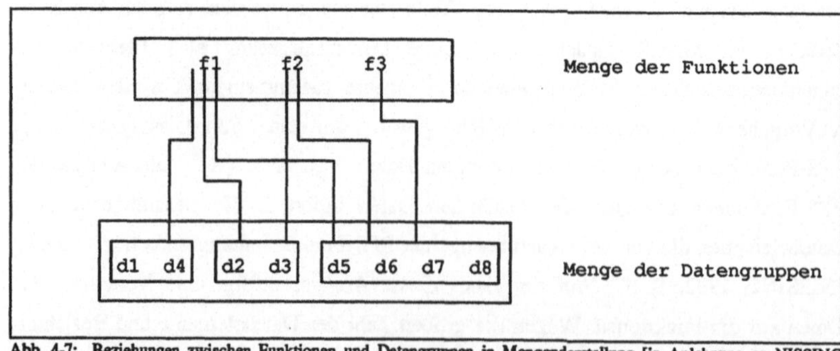

Abb. 4-7: Beziehungen zwischen Funktionen und Datengruppen in Mengendarstellung [in Anlehnung an NISSING 1982, S. 61]

stellten Datengruppen. Da eine Datengruppe einerseits der Input und andererseits der Output für eine Funktion ist und gleiche Datengruppen von verschiedenen Funktionen aufgerufen werden, wird deutlich, daß eine Kommunikationsbeziehung (KB) zwischen den Funktionen besteht, wobei die Datengruppen als Bindeglied dienen (vgl. Abb. 4-8).

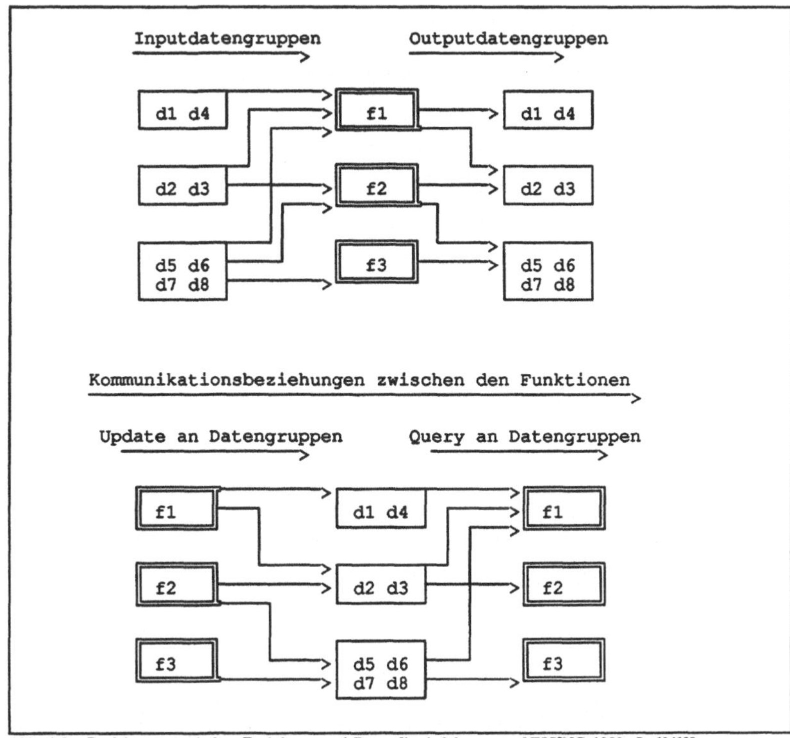

Abb. 4-8: Beziehungen zwischen Funktionen und Daten [in Anlehnung an NISSING 1982, S. 62/63]

Die Beziehung zwischen Funktionen und Datengruppen bezeichnet NISSING mit Funktions-Datengruppen-Beziehung (FDB) und beschreibt sie durch die Angabe zweier Mengen. Dabei beschreiben die Elemente der ersten Menge alle Datengruppen l_q zu denen die Funktion Querybeziehung aufweist, d.h. diese Datengruppen bilden den Input für Funktionen. Die zweite Menge umfaßt alle DG l_u, zu denen sie Updatebeziehungen unterhält, d.h. diese Datengruppen gehören zum Output der Funktion. Es gibt zu jeder Funktion genau eine FDB.

$$FDB = (\{ l_{q1} , \dots , l_{qk} \} , \{ l_{u1} , \dots , l_{uk} \})$$

Im folgenden werden aus diesen einzelnen FDB zu jeder Funktion zwei Vektoren q und u gebildet und daraus dann eine Query- und eine Updatematrix gebildet. Hierzu erfolgt manuell eine genaue Quantifizierung der Anforderungen (vgl. NISSING S. 64 f.). Die Elemente der Matrizen geben Auskunft darüber, zwischen welchen Datengruppen und Funktionen in welchem Umfang welche Beziehungen bestehen.

Auf der Basis dieser Analyse soll eine feste Zuordnung von Daten zu den Funktionen durchgeführt werden. Ziel ist es dabei, unter Anwendung eines Optimierungsverfahrens zu einer Verteilung zu gelangen, bei der zwischen den entstehenden Einheiten das geringste Kommunikationsvolumen auftritt. Dazu wird zunächst das Kommunikationsvolumen zwischen den Funktionen in Abhängigkeit von der Zuteilung einer Datengruppe formuliert [vgl. NISSING 1982, S. 69 ff.].

$$KV(I) = \sum_{i \in I} \sum_{j=1}^{n} u_j(1') - \sum_{i \in I} u_i(1') + \sum_{j=1}^{n} q_j(1') - \sum_{i \in I} q_i(1')$$

I :   bezeichnet hierbei die Indexmenge der Funktionen, denen die Datengruppe 1' zugeteilt worden ist.

n :   ist die Anzahl der vorhandenen Funktionen.

$u_j(1')$:   stellt das Updatevolumen und

$q_j(1')$:   das Queryvolumen der Funktion j an die Datengruppe 1' dar.

Der Fall, daß die betrachtete Datengruppe einer weiteren Funktion n' zugewiesen werden soll, läßt sich nun dadurch ausdrücken, daß die Indexmenge I um ein Element erweitert wird. Dies bedeutet für das Kommunikationsvolumen, daß

$$\sum_{j=1}^{n} u_j(1')$$

einmal mehr gebildet werden muß, d.h. das Kommunikationsvolumen erhöht sich um diesen Betrag. Sollte die Funktion n' selber über die DG 1' verfügen und zu ihr Updatebeziehung haben, so muß man noch $u_{n'}(1')$ subtrahieren. Auf der anderen Seite wird Queryvolumen eingespart, wenn der Funktion, die eine Querybeziehung zur DG 1' hat, diese auch zugeteilt wird. Daraus ergibt sich ein neues Kommunikationsvolumen, daß wie folgt lautet:

$$KV(I \cup \{n'\}) = KV(I) + \sum_{j=1}^{n} u_j(1') - u_{n'}(1') - q_{n'}(1')$$

Die Berechnung des neuen Kommunikationsvolumens ergibt sich aus den bereits bekannten Werten für $u_j(l')$ und $q_j(l')$ zuzüglich einer noch unabhängig davon berechenbaren Summe der Änderung (CKV):

$$\text{CKV}_{n'} = \sum_{j=1}^{n} u_j(l') - u_{n'}(l') - q_{n'}(l').$$

Daraus wird ersichtlich, daß bei einer Verteilung von l' an n' die Wirkung sowohl auf das gesamte Query- als auch auf das gesamte Updatevolumen unabhängig von bereits vorgenommenen Verteilungen bestimmt werden kann.

NISSING folgert, daß unabhängig von der bisherigen Verteilung der Datengruppe l' entschieden werden kann, ob noch weitere Verteilungen vorgenommen werden sollen. Dies ist nur abhängig vom Wert der $\text{CKV}_{n'}$. Ist der Wert

$$\text{CKV}_{n'} > 0$$

so bedeutet das, daß durch Zuteilung der DG l' zur Funktion n' im Vergleich zu KV(I) ein Anstieg des Kommunikationsvolumens stattfindet und eine Zuteilung daher unterbleiben sollte. Ist der Wert

$$\text{CKV}_{n'} \leq 0$$

so bedeutet dies ein gleichbleibendes oder verringertes KV. In diesem Fall sollte die Zuteilung stattfinden.

Nach der Verteilung aller Datengruppen auf die Funktionen bilden Funktionen und Datengruppen eine untrennbare Einheit und werden mit FDE (Funktions-Datengruppen-Einheit) bezeichnet. Die formale Schreibweise dieser FDE lautet :

$$\text{FDE} = (\{l_{q1}, \ldots, l_{qk}\}, \{l_{u1}, \ldots, l_{uk}\}, \{l_{z1}, \ldots, l_{zk}\})$$

Die dritte Menge umfaßt alle DG Lz, die der Funktion zugewiesen wurden. Es schließt sich die Bildung von Teilsystemen an, indem die FDE schrittweise zu FDE-Bündeln zusammengefaßt werden. Dabei bilden sogenannte Teilsystemanwärter (Funktionen der Kategorie A) die Kristallisationskeime für die Teilsysteme, denen alle anderen Funktionen (der Kategorie B) zugeordnet werden.

Kriterien für die Abgrenzung bestimmter FDE als Teilsystemanwärter werden unter EDV-technischen Aspekten ermittelt, indem die Dezentralisierungseignung der Funktionen bestimmt wird. NISSING leitet die Dezentralisierungseignung aus den Eigenschaften: Art der EDV-Unterstützung, Herkunft der Eingabedaten, Verwendungsort der Ausgabedaten sowie Ausführungshäufigkeit der Funktionen ab.

Bei der Art der EDV-Unterstützung unterscheidet NISSING zwischen Batch- und Dialoganwendungen. "Dieses Kriterium kann zur Beurteilung der Dezentralisierungseignung bzw. -dringlichkeit herangezogen werden, denn es ist vorteilhaft, zur Durchführung einer Dialogfunktion die jeweils benötigte EDV-Leistung an den Arbeitsplatz des Sachbearbeiters zu verlagern" [NISSING 1982, S. 76].

Als Herkunfts- bzw. Verwendungsort betrachtet er auf der einen Seite die EDV selbst als Quelle und Senke eines Datenflusses und auf der anderen Seite das außerhalb der EDV liegende betriebliche Umfeld, den Arbeitsplatz, an dem ein Datum erfaßt oder angefordert wird.

Die Ausführungshäufigkeit "gibt Aufschluß über die erforderliche Aktualität der Eingabe- und Ausgabedaten einer Funktion. Pauschal kann gesagt werden, daß bei den Dialogfunktionen die Ausführungshäufigkeit sehr hoch ist, d.h. die Funktion muß jederzeit ausführbereit sein, während die Batchfunktion nur periodisch in größeren Abständen aktiviert wird." [NISSING 1982, S. 77]

Die Funktionen, die hiernach die größte Dezentralisierungseignung aufweisen, werden zu Teilsystemanwärtern erklärt. Die Entscheidung für eine bestimmte Zusammenfassung erfolgt, wenn zu allen möglichen Zusammenfassungen einer Funktion der Kategorie A mit einer Funktion der Kategorie B die daraus resultierende Einsparung an Datenaustauschvolumen feststeht. Diese Einsparung ergibt sich aus dem gegenseitigen Datenaustausch sowie gegebenenfalls durch eine Redundanzverminderung.

Nach Beendigung des Verfahrens liegt ein Ergebnis vor, das genau so viele Teilsysteme aufweist wie vorab Funktionen der Kategorie A zugeordnet wurden. Die Bündel von Funktionen und Datengruppen weisen untereinander nur noch geringe Abhängigkeiten auf. Anhand eines solchen Bündels können reale Teilsysteme konzipiert werden, indem für jedes Bündel ein geeignetes EDV-System ausgewählt und der notwendige Datenaustausch durch eine den Anforderungen angepaßte Rechnerverbindung ermöglicht wird. Sofern Teilsysteme entstehen, deren Funktions- und Datenumfang die Bildung eines realen Teilsystems nicht rechtfertigt, können anhand der Teilsystemeübersicht manuell weitere Zusammenfassungen durchgeführt werden.

NISSING hat dieses Verfahren auf 46 Funktionen der PPS angewendet. Bei einer Vorgabe von 6 Teilsystemanwärtern kristallisierten sich 3 Teilsysteme heraus, auf die sich 42 Funktionen fast gleichmäßig verteilten (vgl. Abb. 4-9). Lediglich eine Funktion wurde im Laufe der Zusammenfassungsschritte einem der drei anderen Teilsystemanwärter zugewiesen. Diese Funktionen wurden manuell mit den anderen Teilsystemen zusammengefaßt. Für eines der Teilsysteme entwickelte NISSING auch eine konkrete Datenbankstruktur.

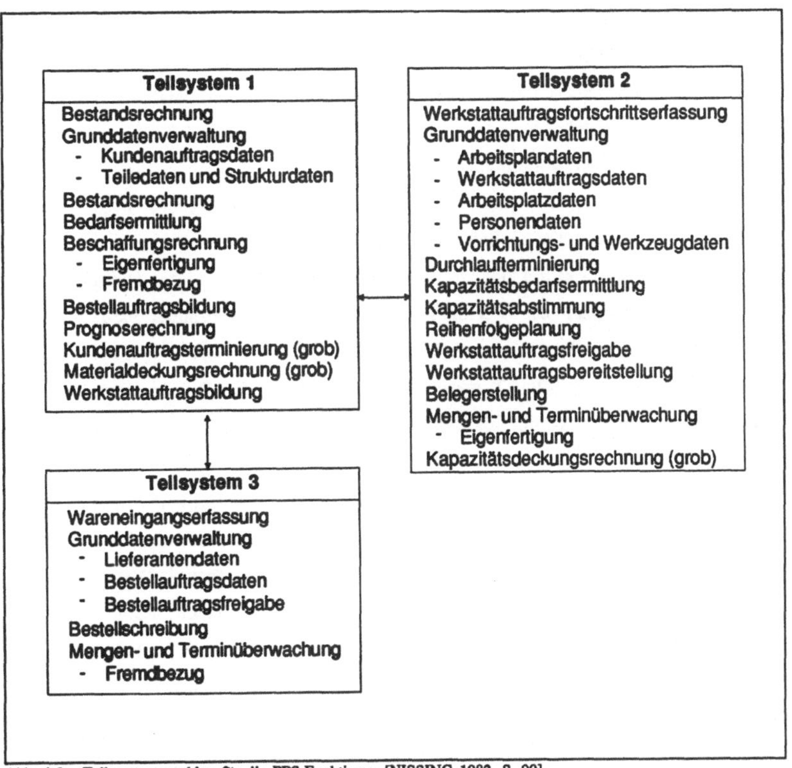

<u>Abb. 4-9</u>: Teilsystemvorschlag für die PPS-Funktionen [NISSING 1982, S. 99]

5. Bewertung und Kritik der vorliegenden Modelle

Solange für einen Datenaustausch keine öffentlichen Kommunikationsdienste in Anspruch genommen werden müssen, resultieren die Kosten für den Datenaustausch aus den Kosten für Abschreibung der Investitionen und den Kosten für Pflege und Wartung der Kommunikationsmittel. Diese sind unabhängig vom auszutauschenden Datenvolumen konstant, sobald die Kommunikationsmittel installiert sind. Da jedoch die Auswahl der Kommunikationsmittel und die Anforderung an ihre Verfügbarkeit stark von der geforderten Kommunikationsleistung abhängt, muß auch im lokalen Bereich das Kommunikationsvolumen als kostenverursachende Größe berücksichtigt werden.

Kommunikationssysteme stellen, wie Maschinen in der Fertigung, aus der Sicht des Benutzers Betriebsmittel dar. Betriebsmittel stehen meist nicht uneingeschränkt für nur einen Benutzer zur Verfügung, wodurch Konkurrenzsituationen auftreten. Diese führen bei den Benutzern zu Wartezeiten, bis eine Zuteilung durch die Betriebsmittelverwaltung erfolgt. Kommunikationsvorgänge, die über ein von mehreren Teilnehmern genutztes Kommunikationssystem abgewickelt werden, können sich daher verzögern. Solche Wartezeiten lassen sich kaum monetär quantifizieren, da die von ihr verursachten Kosten vom zugrundeliegenden Arbeitsablauf abhängig sind. Während Kommunikationssysteme meist so ausgelegt werden können, daß im normalen Arbeitsablauf keine störenden Wartezeiten entstehen, lassen sich Wartezeiten, die durch einen Ausfall des Kommunikationssystems entstehen können, lediglich dadurch begrenzen, daß vorbeugend Redundanzen geschaffen werden und darüber hinaus für eine umgehende Instandsetzung gesorgt wird. Je mehr Arbeitsabläufe auf die volle Funktionsfähigkeit des Kommunikationssystems angewiesen sind, umso mehr müssen Vorkehrungen für dessen ständige Verfügbarkeit getroffen werden. Die hiermit verbundenen Kosten sind nicht unerheblich. Der Umfang der notwendigen Kommunikation wirkt damit in dreierlei Hinsicht kostenverursachend.

- Mit dem Umfang der Kommunikation steigen die Anforderungen an die Leistungsfähigkeit der Kommunikationsmittel.

- Je höher die (zunächst Kosten senkende) Auslastung der Kommunikationsmittel ist, umso eher treten kostenverursachende Verzögerungen in der Kommunikationsabwicklung auf.

- Je größer die Abhängigkeit des Betriebes von der Kommunikation ist, umso empfindlicher wird er bei einem Ausfall der Kommunikationsmittel in seiner Funktionsfähigkeit gestört. Kosten verursachend sind hier, neben den zu erwartenden Leistungseinbußen bei einem Ausfall, vor allem die Maßnahmen zur Sicherung einer hohen Verfügbarkeit.

Als Anforderung an eine optimale Datenverteilung läßt sich daher ableiten, daß ein Datenaustausch zwischen Teilsystemen weitgehend vermieden werden sollte. Dies führt zu einer gewissen Autonomie der Teilsysteme. Je weniger sie auf Kommunikationsdienste angewiesen sind, umso unabhängiger sind sie von der Betriebssicherheit der Kommunikationsdienste und der Betriebssicherheit der übrigen Teilsysteme. Das Gesamtsystem verhält sich robust gegenüber Komponentenausfall. Je geringer das gesamte Datenaustauschvolumen ausfällt, umso größer ist zudem die Wahrscheinlichkeit, daß die Kommunikationsmittel für notwendige Datenübertragungen frei sind. Werden Kommunikationsdienste nur in geringem Maße in Anspruch genommen, beeinflußt dies die Antwortzeiten positiv.

Das Ziel, daß zwischen den FDE ein minimales Kommunikationsvolumen erreicht wird, strebt auch NISSING mit seinem Verfahren an. Die Optimalität seiner Lösung ist aufgrund seiner Datengruppenbildung und der einmaligen Datengruppenverteilung jedoch nicht garantiert. Die Optimalität muß aber gefordert werden, wenn das Verfahren nicht allein zur Ableitung von Entscheidungshilfen zur Teilsystembildung, sondern zur Gestaltung der Datenintegration benutzt werden soll. Auf diese Schwachpunkte soll im folgenden eingegangen werden. Es werden Modifikationen und Erweiterungen zur Behebung der Schwachstellen aufgezeigt.

NISSING schlägt vor, bei der Datengruppenbildung zunächst alle die Datenelemente zusammenzufassen, die von der am häufigsten ausgeführten Funktion benötigt werden. Die nächste Datengruppe wird dann aus den Datenelementen gebildet, die von der am zweithäufigsten ausgeführten Funktion benötigt werden, abzüglich derjenigen, die sich bereits in der ersten Datengruppe befinden, usw. Bei dieser Art der Datengruppenbildung kann nicht ausgeschlossen werden, daß zwischen zwei FDE neue Beziehungen entstehen. Dies sei anhand des Beispiels aus Abb. 4-7 erläutert. Die Abbildung zeigt, daß zwischen folgenden Funktionen Kommunikationsbeziehungen bestehen:

von Funktion f_1 nach Funktion f_2 über Datengruppe $\{d_2,d_3\}$

von Funktion f_2 nach Funktion f_1 über Datengruppe $\{d_2,d_3\}$

von Funktion f_2 nach Funktion f_1 über Datengruppe $\{d_5,d_6,d_7,d_8\}$

von Funktion f_2 nach Funktion f_3 über Datengruppe $\{d_5,d_6,d_7,d_8\}$

von Funktion f_3 nach Funktion f_1 über Datengruppe $\{d_5,d_6,d_7,d_8\}$

Es soll nun angenommen werden, daß ursprünglich auf der Elementebene eine Input/ Outputbeziehung der Funktionen analysiert wurde, wie in Abb. 5-1 dargestellt.

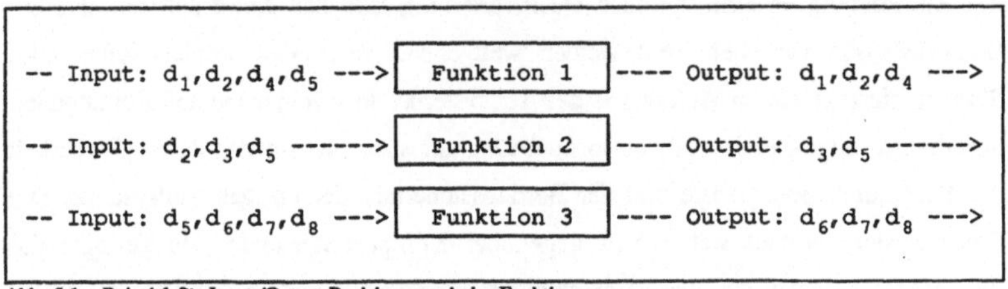

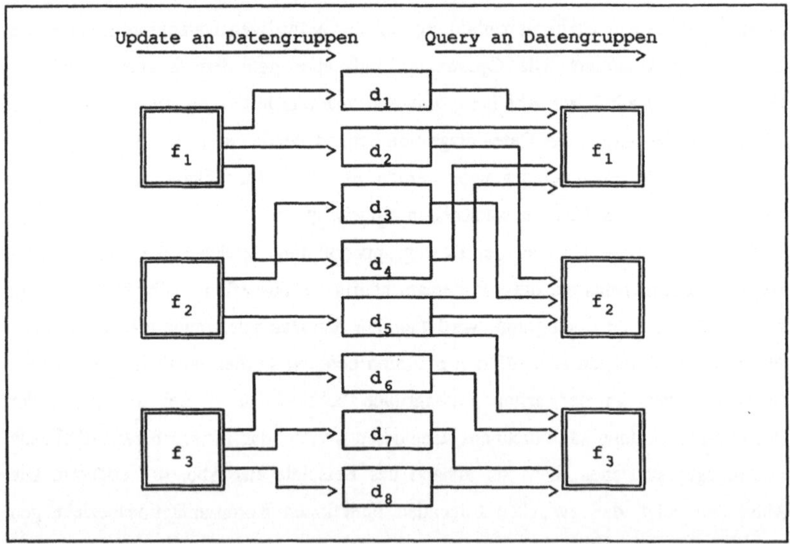

Abb. 5-1: Beispiel für Input-/Output-Beziehungen dreier Funktionen

Daraus ergäben sich die in Abb. 5-2 dargestellten Kommunikationsbeziehungen:

von Funktion f_1 nach Funktion f_2 über Datenelement d_2,

von Funktion f_2 nach Funktion f_1 über Datenelement d_5,

von Funktion f_2 nach Funktion f_3 über Datenelement d_5.

Abb. 5-2: Kommunikationsbeziehungen zwischen den Funktionen [in Anlehnung an: NISSING 1982 S. 62-63]

Die in Abb. 4-7 aufgeführte Beziehung von f_2 nach f_1 über die Datengruppe $\{d_2, d_3\}$ ist nur scheinbar vorhanden. Sie ergibt sich daraus, daß f_2 als Output d_3 liefert und f_1 d_2 als Input benötigt. Damit entsteht die Beziehung von f_2 nach f_1 nur deshalb, weil sich die beiden Elemente in derselben Datengruppe befinden. Sobald sie getrennt werden, entfällt die Beziehung. Noch deutlicher tritt dieser Effekt am Beispiel der Beziehung von f_3 nach f_1 zutage. Obwohl f_3 das Datenelement d_5 gar nicht erzeugt oder ändert, entsteht über die Zugehörigkeit von d_5 zu einer Datengruppe, die von f_3 geändert wird, eine Beziehung zu f_1. Würde d_5 aus der Datengruppe herausgenommen, würden zwischen den beiden Funktionen überhaupt keine direkte Beziehung mehr bestehen. Die Kommunikationsbeziehung zwischen den Funktion f_3 und f_1 ist auf der Elementebene also nicht vorhanden, sie ergibt sich allein durch die Datengruppenbildung. Wenn es Ziel der Datenverteilung (zu der die Datengruppenbildung lediglich eine vorbereitende Stufe darstellt) ist, die Kommunikationsbeziehungen zwischen Funktionen zu minimieren, müssen solche Fälle ausgeschlossen werden. Denn jede Kommunikationsbeziehung bedingt ein bestimmtes Datenaustauschvolumen, sobald sich die betrachteten Funktionen auf getrennten Systemen befinden. Um diesen Effekt zu verhindern, muß also gewährleistet sein, daß Datengruppen nur so gebildet werden, daß sie nicht zu einer Veränderung von Beziehungen führen. Sofern eine Datengruppenbildung erfolgt, bei der die oben geschilderten Effekte nicht auftreten können, führt die Datengruppenverteilung von NISSING dazu, daß das Datenaustauschvolumen aller FDE untereinander minimal ist.

Nach der Datengruppenverteilung schließt sich bei NISSING die Teilsystembildung an, indem jeweils die beiden FDE zusammengefaßt werden, deren Kommunikationsbeziehung im Vergleich zu allen anderen maximal ist. Dies liefert die maximale Einsparung, die durch den Übergang von einem System mit n Teilsystemen auf ein System mit n-1 Teilsystemen bei unveränderter Verteilung der Datengruppen auf die Funktionen möglich ist. Trotzdem ist es denkbar, daß diese Lösung nicht optimal ist, weil bei einer anderen Datengruppenverteilung ein noch geringeres Kommunikationsvolumen erzielt werden könnte. Ein optimales Ergebnis ist nur dann gewährleistet, wenn bei einer erneuten Verteilung der Datengruppen nach einem Zusammenfassungsschritt gegenüber der Ausgangslösung sowohl die Zunahme von Redundanzen als auch das Auftreten von Verschiebungen ausgeschlossen werden können. Dies ist aber in der Regel nicht zu erwarten. Beide Effekte sollen im folgenden erläutert werden.

Um die Lesbarkeit der formalen Beweisführung zu erleichtern, wird im folgenden eine andere Schreibweise gewählt, als sie von NISSING benutzt wird:

$\tilde{q}(DG_t, f_i)$:   bezeichnet die Queryanforderung an die Datengruppe DG_t durch die Funktion f_i, d.h. DG_t ist Input für f_i (Schreibweise bei NISSING: $q_i(t)$)

$\tilde{u}(DG_t, f_i)$:   bezeichnet die Updateanforderung an die Datengruppe DG_t durch die Funktion f_i, d.h. DG_t ist Output von f_i (Schreibweise bei NISSING: $u_i(t)$)

Es ist zu erwarten, daß mit zunehmender Anzahl von Zusammenfassungsschritten die Redundanz bei jeweils erneuter Verteilung der Datengruppen tendenziell zunehmen wird. Dies liegt daran, daß sich die Gewichte der "eigenen" Query- zu den "fremden" Updateanforderungen mit größer werdenden Funktionsbündeln zugunsten des Queryvolumens verlagern. Im Verlauf der schrittweisen Zusammenfassung von Funktionen könnte sich damit die Redundanz bei erneuter Anwendung der Verteilungsregel von NISSING erhöhen, wenn Zuteilungen erfolgen, die es vorher nicht gegeben hat, d.h.

$$\tilde{q}(DG_t, f_i) + \tilde{q}(DG_t, f_j) \geq \sum_{k \neq i,j} \tilde{u}(DG_t, f_k) \quad \text{und}$$

$$\tilde{q}(DG_t, f_i) < \sum_{k \neq i} \tilde{u}(DG_t, f_k) \quad \text{und}$$

$$\tilde{q}(DG_t, f_j) < \sum_{k \neq j} \tilde{u}(DG_t, f_k)$$

Daraus folgt durch geeignetes Umstellen und Ausrechnen:

$$\sum_k \tilde{u}(DG_t, f_k) - \tilde{u}(DG_t, f_i) - \tilde{u}(DG_t, f_j)$$

$$\leq \tilde{q}(DG_t, f_i) + \tilde{q}(DG_t, f_j)$$

$$< 2\sum_k \tilde{u}(DG_t, f_k) - \tilde{u}(DG_t, f_i) - \tilde{u}(DG_t, f_j)$$

und damit:

$$\sum_k \tilde{u}(DG_t, f_k) \leq \underbrace{\tilde{q}(DG_t, f_i) + \tilde{u}(DG_t, f_i)}_{\text{(Anforderung Funktion i)}} + \underbrace{\tilde{q}(DG_t, f_j) + \tilde{u}(DG_t, f_j)}_{\text{(Anforderung Funktion j)}}$$

$$< 2 \sum_k \tilde{u}(DG_t, f_k)$$

So kann der Fall, daß eine Zunahme von Redundanz stattfindet eintreten, wenn die Summe der Queries und Updates zweier Funktionen f_i, f_j bezüglich einer Datengruppe DG_t größer oder gleich ist als die Summe aller Updates aber kleiner als das zweifache der Summe aller Updates. Ein solche Zunahme der Redundanzen könnte nur dann ausgeschlossen werden, wenn es keine Funktionsbündel

$$\bigcup_{k \neq i} f_k,$$

$i \varepsilon I$: Indexmenge der Funktionen, die Datengruppe DG_t bei der ersten Zuteilung erhalten haben,

für die gilt, daß

$$\sum_{k} \tilde{q}(DG_t, f_k) > \sum_{l \neq k} \tilde{u}(DG_t, f_l)$$

Die Wahrscheinlichkeit, daß Redundanzen zunehmen, wächst mit der Anzahl der zusammengefaßten Funktionen.

Mit dem Effekt der Verschiebung von Datengruppen ist gemeint, daß bei erneuter Anwendung der Verteilungsregel von NISSING eine Datengruppe einer bestimmten Funktion nicht mehr zugeteilt würde, obwohl dies in davorliegenden Verteilungsschritten erfolgte. Der Fall ist prinzipiell nur dann möglich, wenn die Differenz aus eigenen Queryanforderungen und die Summe aller fremden Updateanforderungen größer "0", aber minimal im Vergleich zu allen anderen ist. Durch das schrittweise Zusammenfassen von Funktionen kann der Fall eintreten, daß diese Ungleichung nicht mehr erfüllt ist, d.h. es gibt zwei Funktionen bzw. Funktionsbündel f_j, f_l, die, wenn sie zusammengefaßt werden, diesen Wert unterschreiten:

$$\sum_{k \neq i} \tilde{u}(DG_t, f_k) - \tilde{q}(DG_t, f_i) < \sum_{k \neq j} \tilde{u}(DG_t, f_k) - \tilde{q}(DG_t, f_j) \quad \text{und}$$

$$\sum_{k \neq i} \tilde{u}(DG_t, f_k) - \tilde{q}(DG_t, f_i) < \sum_{k \neq l} \tilde{u}(DG_t, f_k) - \tilde{q}(DG_t, f_l) \quad \text{und}$$

$$\sum_{k \neq i} \tilde{u}(DG_t, f_k) - \tilde{q}(DG_t, f_i) \geq \sum_{k \neq j, l} \tilde{u}(DG_t, f_k) - \tilde{q}(DG_t, f_j) - \tilde{q}(DG_t, f_l)$$

Daraus folgt:

$$2 \left(\sum_{k \neq j, l} \tilde{u}(DG_t, f_k) - \tilde{q}(DG_t, f_j) - \tilde{q}(DG_t, f_l) \right)$$

$$\leq 2 \left(\sum_{k \neq i} \tilde{u}(DG_t, f_k) - \tilde{q}(DG_t, f_i) \right)$$

$$< 2 \sum_{k} \tilde{u}(DG_t, f_k) - \tilde{u}(DG_t, f_j) - \tilde{u}(DG_t, f_l) - \tilde{q}(DG_t, f_j) - \tilde{q}(DG_t, f_l)$$

Durch geeignetes Umstellen und Ausrechnen der Ungleichung folgt hieraus:

$$2 \underbrace{[\tilde{q}(DG_t, f_j) + \tilde{u}(DG_t, f_j)}_{\text{(Anforderung Funktion j)}} + \underbrace{\tilde{q}(DG_t, f_l) + \tilde{u}(DG_t, f_l)]}_{\text{(Anforderung Funktion l)}}$$

$$\geq 2 \underbrace{[\tilde{q}(DG_t, f_i) + \tilde{u}(DG_t, f_i)]}_{\text{(Anforderung Funktion i)}}$$

$$> \underbrace{\tilde{q}(DG_t, f_j) + \tilde{u}(DG_t, f_j)}_{\text{(Anforderung Funktion j)}} + \underbrace{\tilde{q}(DG_t, f_l) + \tilde{u}(DG_t, f_l)}_{\text{(Anforderung Funktion l)}}$$

Der Fall, daß im Verlauf einer schrittweisen Zusammenfassung von Funktionen die Verschiebung einer Datengruppe DG_t von einer Funktion f_i weg erfolgt, kann prinzipiell dann eintreten, wenn es zwei Funktionen (bzw. Funktionsbündel) j, l gibt, deren Summe aller Anforderungen an DG_t größer oder gleich der Summe der Anforderungen von Funktion f_j ist, jedoch kleiner als die doppelten Anforderungen von f_i. Verschiebungen könnten nur dann ausgeschlossen werden, wenn gewährleistet wäre, daß es mindestens eine Funktion fi gibt, so daß:

$$\tilde{q}(DG_t, f_i) > \sum_{k \neq i} \tilde{u}(DG_t, f_k),$$

d.h. zu jeder Datengruppe DG_t gibt es mindestens eine Funktion f_i deren Queryanforderungen größer sind als die Updates aller anderen. Ist diese Voraussetzung nicht gegeben, können Verschiebungen nur dann ausgeschlossen werden, wenn durch das Zusammenfassen von Funktionen das bisher ermittelte Minimum von

$$\min \left\{ \sum_{k \neq i} \tilde{u}(DG_t, f_k) - \tilde{q}(DG_t, f_i) \right\}$$

durch andere Funktionsbündel nicht unterschritten wird, d.h.

$$\text{es gibt keine } \bigcup_{k \neq i} f_k \text{ , so daß}$$

$$\sum_{l \neq k} \tilde{u}(DG_t, f_l) - \sum \tilde{q}(DG_t, f_k) < \sum_{k \neq i} \tilde{u}(DG_t, f_k) - \tilde{q}(DG_t, f_i).$$

Das wiederum heißt, es gibt keine Teilmenge von Funktionen, deren gemeinsame Queryanforderungen abzüglich der Updates zu allen anderen Funktionen zu einem geringeren Wert führen als der zu Beginn ermittelte. Bei relativ kleinen Modellen, wie z. B. dem mit 46 Funktionen von NISSING, ist zu erwarten, daß auch bei erneuter Datengruppenverteilung kaum Verschiebungen auftreten würden, da in den meisten Fällen die Queryanforderungen mindestens einer Funktion größer sind als die Updates aller anderen. Dies liegt daran, daß es in der Regel für die Datengruppen nur eine generierende Quelle gibt, während es andererseits datenverarbeitende Funktionen gibt, die mindestens im selben Umfang, ggf. auch mehrfach diese Datengruppen abfragen. Dies entspricht auch den Erfahrungen aus der Anwendung des Verfahrens durch NISSING.

Damit bleibt festzuhalten, daß mit der Verteilung von Datengruppen und der schrittweisen Zusammenfassung der FDE eine Aneinanderreihung optimaler Schritte zur Minimierung der Kommunikationsbeziehungen stattfindet. Jedoch kann insbesondere bei umfangreichen Modellen, wie sie für CIM benötigt werden, nicht gewährleistet werden, daß es sich bei der Lösung tatsächlich um das Ergebnis mit minimalem

Datenaustauschvolumen bei einer bestimmten Menge von Funktionsbündeln handelt. Dies liegt an der nur einmaligen Datengruppenverteilung. Aus dem Aspekt heraus, mit Hilfe des Verfahrens Entscheidungshilfen für die Teilsystembildung abzuleiten, erscheint eine nur einmalige Datengruppenverteilung jedoch gerechtfertigt, da dadurch eine Zusammenfassung von Funktionen zu Teilsystemen nur auf der Basis des Datenbedarfs der einzelnen Funktionen vorgenommen wird, unabhängig davon, in welchem Bündel sie vorkommt. Steht eine bestimmte Teilsystemkonfiguration fest, sollte jedoch die Datengruppenverteilung erneut vorgenommen werden, da durch Verschiebungen und/oder weitere Redundanzen unter Umständen ein geringeres Datenaustauschvolumen erreicht werden kann, als es das bis dahin vorliegende Ergebnis aufweist.

Zum Abschluß sollen nun noch einige Aspekte erwähnt werden, die bei dem Verfahren von NISSING nicht behandelt werden, die jedoch wichtige Anforderungen an ein Instrumentarium zur Gestaltung der Datenintegration bei CIM darstellen. Die Quantifizierung der Input-/Outputbeziehungen der Funktionen wird durch das Verfahren von NISSING nicht unterstützt. Die Herleitung der Werte $q(DG_t,f_i)$ und $ü(DG_t,f_i)$ erfolgt rein manuell. Eine Simulation mit verschiedenen Mengengerüsten, die z. B. unterschiedliche Häufigkeiten einer Funktionsausführung berücksichtigt, kann nicht unterstützt werden. Dies ist allerdings für die Planung größerer dezentraler Systeme eine wichtige Forderung. Hierdurch kann z. B. ermittelt werden, bei welchen angenommenen Häufigkeiten eine bestimmte Datengruppenverteilung nicht mehr optimal sein wird. Als Nachteil des Verfahrens muß auch gewertet werden, daß es keine Unterstützung gibt, um organisatorische Randbedingungen zu berücksichtigen. Denkbar wäre es z. B. von vornherein bestimmte Funktionen ggf. redundant zu gewünschten Teilsystemen zu erklären. Dadurch wäre eine Möglichkeit geschaffen, bestimmte betriebliche Organisationsstrukturen abzubilden. NISSING erlaubt lediglich ein Festlegen von Teilsystemanwärtern, wodurch einzelne Funktionen vorab getrennt werden können. Nach Beendigung der Teilsystembildung wird durch das Verfahren keine weitere Zusammenfassung unterstützt. Für den Fall, daß bestimmte Teilsystemanwärter nicht zu teilsystemfähigen Einheiten geführt haben, müssen weitere Zusammenfassungen manuell erfolgen. Hier ließe sich eine wirkungsvolle Erweiterung realisieren, wenn das Verfahren weitere Zusammenfassungen automatisch vorschlagen würde.

6. EDV-technische Voraussetzungen zur Gestaltung der Datenintegration

Für eine erfolgreiche Datenintegration sind zwei aktuelle Entwicklungen von Bedeutung. Zum einen ist dies die Entwicklung von Datenbanksystemen, zum anderen die Entwicklung der Kommunikationstechnologie. Sie können aus der Sicht des betrieblichen Anwenders als elementare technische Voraussetzungen angesehen werden. Beide sollen zunächst getrennt und dann gemeinsam dargestellt werden.

6.1 Datenbanksysteme

Ein Datenbanksystem (DBS) soll es autorisierten Benutzern in einfacher Weise ermöglichen, mit großen Datenmengen zu arbeiten. "Die Gesamtheit der für alle Anwendungen interessierenden Daten wird in einem Pool, der Datenbank, integriert und zentral verwaltet. Alle Anwendungsprogramme arbeiten auf diesem gemeinsamen Datenbestand; sie greifen nun aber nicht mehr direkt auf die abgespeicherten Daten zu, sondern erhalten die gewünschten Daten durch die Datenbanksoftware. Datenbank und Datenbanksoftware zusammen bilden das Datenbanksystem. Wir verlangen, daß die Datenbanksoftware dafür sorgt, daß jedes Programm (bzw. der Programmierer) die Daten so sieht, wie sie von ihm benötigt werden." [SCHLAGETER/STUCKY 1983, S. 23] vgl. Abb. 6-1.

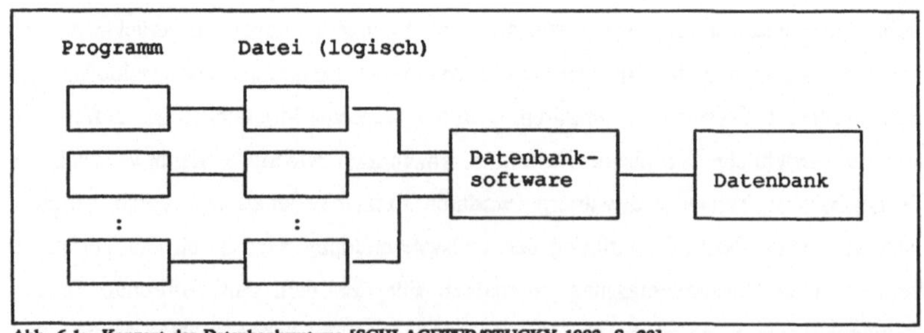

<u>Abb. 6-1:</u> Konzept des Datenbanksystems [SCHLAGETER/STUCKY 1983, S. 23]

Die Datenbanksoftware umfaßt das Datenbankmanagementsystem (DBMS) sowie Schnittstellen zur Beschreibung, Manipulation und Abfrage der Daten (vgl. Abb. 6-2). Den mit einer Datenverwaltung verbundenen Funktionsbereich der Externspeicherverwaltung und -zuordnung sowie die Aufgaben in Verbindung mit Ein-/Ausgabevor-

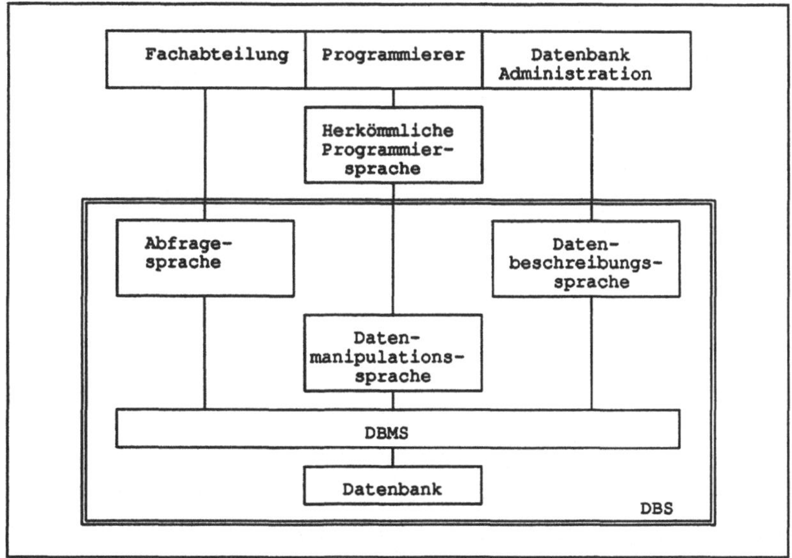

Abb. 6-2: Schnittstellen eines Datenbanksystems [in Anlehnung an: HANSEN 1977]

gängen auf peripheren Geräten nimmt dann das DBMS in Zusammenarbeit mit dem Betriebssystem vor [EBERHARD/RIECHMANN/SCHÜTTE 1981]. Über die spezielle Abfragesprache ermöglichen Datenbanksysteme dem Benutzer eine flexible Auswertung der abgespeicherten Daten ohne zusätzlichen Programmieraufwand.

Mit dem Aufbau einer Datenbank entsteht ein Modell der Realität. Für die Modellbildung ist zunächst eine Auswahl zu treffen, welche (konkreten oder abstrakten) Dinge - wie z. B. Sachmittel, Aufträge, Personen - als Elemente des Modells abgebildet und durch welche beschreibende Merkmale (Attribute) ihre Eigenschaften charakterisiert werden sollen. Außerdem ist festzulegen, wie die einzelnen Elemente identifiziert und nach welchen Kriterien sie ggf. gruppiert werden können. Desweiteren ist festzustellen, welche Beziehungen zwischen diesen Elementen bestehen, und ob auch sie in irgendeiner Weise über Attribute näher beschrieben werden sollen. Diese Überlegungen bilden den Ausgangspunkt für ein Datenbankdesign. Hiernach stellt sich die Frage, wie die Elemente mit ihren Eigenschaften und Beziehungen mit Hilfe eines realen Datenbanksystems abgebildet werden können.

Die Datenbeschreibungssprache eines DBS erlaubt jeweils die Abbildung bestimmter Strukturen. Standardmäßig bieten DBS die Möglichkeit einer hierarchischen, einer netzwerkorientierten oder einer relationalen Abbildung der Daten. Der Datenbankdesigner muß sein erstelltes Modell nun auf eine dieser Möglichkeiten, die durch das DBS vorgegeben sind, abbilden. Für die praktische Anwendung sind vor allem Netzwerkdatenbanken und relationale Datenbanken von Bedeutung.

Netzwerkdatenbanken erlauben eine Strukturierung, die sich jeweils in einer 1:n-Beziehung ausdrücken läßt. Reale Beziehungen, die eine m:n-Struktur aufweisen, - z. B. eine Montagegruppe besteht aus mehreren Teilen und jedes Teil kann in mehrere Montagegruppen eingehen - müssen in entsprechend viele 1:n- bzw. 1:m-Beziehungen aufgelöst werden [vgl. hierzu SCHLAGETER/STUCKY 1983, S. 59 ff.; SCHEER 1980].

Relationale Datenbankensysteme gelten als die neueste Entwicklung bei den Standarddatenbanken und bilden heute fast ausschließlich die Basis für die Entwicklung verteilter Datenbanksysteme. Mit diesem Datenbanksystemtyp sind erstmals allgemeine, d.h. funktionsunabhängige Strukturierungsregeln entwickelt worden. Die Anwendung dieser Regeln wird durch das im Rahmen dieser Arbeit entwickelte Instrumentarium unterstützt. Das Konzept der relationalen Datenbanksysteme und das Wesen der Strukturierungsregeln sollen aus diesem Grund näher erläutert werden. Als strukturbildende Elemente sind ausschließlich Relationen zugelassen [vgl. hierzu SCHLAGETER/STUCKY 1983, S. 80 ff.]. Eine Relation ist eine Ansammlung von Datensätzen mit konstanter Länge und mit identischem Aufbau. Sie läßt sich am besten mit einer Tabelle vergleichen, in der jeder Spalte eine bestimmte Bedeutung zukommt. Beziehungen zwischen zwei Relationen können nur dadurch aufgebaut werden, daß beide Relationen über eine Spalte (Attribut) gleichen Inhalts verfügen. Im Beispiel der Abb. 6-3 ist die Spalte "Projekt-Nr." sowohl in der Relation "Personal" als auch in der Relation "Projekte" enthalten. Dies ermöglicht z. B. die Abfrage, wie lange ein bestimmter Mitarbeiter noch mit der Bearbeitung seines Projekts beschäftigt ist. Das Datenbankmanagement bietet hierfür dem Benutzer die Möglichkeit, sogenannte Mengenoperationen durchzuführen. Die beiden Relationen können über die Spalte "Projekt-Nr." aneinandergekettet und in einer Ausgaberelation definiert werden. Danach können die nicht interessierenden Felder gelöscht werden, so daß eine neue Relation entsteht, die nur noch aus den Angaben Pers.-Nr., Name, Projekt-Nr., und Laufzeit besteht.

Eine andere Möglichkeit der Strukturierung zeigt Abb. 6-4. Hier werden in der Relation "Personal" nur noch Attribute geführt, die unmittelbar mit einer bestimmten Person in Verbindung gebracht werden. In der Relation "Projekte" befinden sich, wie zuvor nur die charakteristischen Merkmale jedes Projektes.

```
Relation: Personal

    Pers. Nr.  | Name     | Anschrift          | Projekt-Nr

    9584       | Roos     | 5loo Aachen        | 70509
    6184       | Esser    | 4050 M-Gladbach    | 73100
    6254       | Kemmner  | 5100 Aachen        | 70048


Relation: Projekte

    Projekt-Nr. | Bezeichnung       | Laufzeit

    70048       | BDE               | bis 9/89
    70509       | graph. Gestaltung | bis 2/90
    73100       | Leitstand         | bis 6/90
```

Abb. 6-3: Beispiel für die Abbildung der "Objekte": Personal und Projekte in je einer Relation

```
Relation: Personal

    Pers. Nr.  | Name     | Anschrift

    9584       | Roos     | 5loo Aachen
    6184       | Esser    | 4050 M-Gladbach
    6254       | Kemmner  | 5100 Aachen


Relation: Projekte

    Projekt-Nr. | Bezeichnung       | Laufzeit

    70048       | BDE               | bis 9/89
    70509       | graph. Gestaltung | bis 2/90
    73100       | Leitstand         | bis 6/90


Relation: Tätigkeit

    Pers.-Nr.  | Proj.-Nr. | % d. Arbeitszeit

    9584       | 70509     | 70
    9584       | 73100     | 20
    9584       | 70048     | 10
    6184       | 73100     | 100
    6254       | 70048     | 50
    6254       | 73100     | 50
```

Abb. 6-4: Beispiel für die Abbildung der "Objekte": Personal und Projekte in je einer Relation mit zugehöriger Verknüpfungsrelation

Die Beziehungen zwischen den beiden Relationen wird in einer separaten Verknüpfungsrelation "Tätigkeit" abgebildet. Diese Art der Strukturierung ermöglicht es, den Beziehungen zwischen Personal und Projekt selbst Attribute hinzuzufügen. Desweiteren ist es in einfacher Weise möglich, eine m:n-Beziehung zwischen den beiden Ursprungsrelationen herzustellen. Eine Person kann an mehreren Projekten arbeiten und ein Projekt kann von mehreren Personen bearbeitet werden.

Als Strukturierungshilfen zur Gestaltung von Relationen stehen dem Datenbank-designer die sogenannten CODD'schen Normalformen zur Verfügung [vgl. SCHLA-GETER/STUCKY 1983, S. 175 ff.]. Zur Durchführung der Normalisierungsschritte ist es erforderlich, die in einer Relation enthaltenen Attribute in nicht identifizierende und identifizierende, auch Schlüsselattribute genannt, zu unterscheiden. Im Beispiel ist für die Relation "Personal" die "Pers.-Nr." identifizierend, der Name dagegen könnte prinzipiell mehrfach auftreten. Gleiches gilt für alle übrigen Attribute dieser Relation. Sie gelten daher als nicht identifizierend. Das Normalisieren der Relationen soll nun dazu führen, daß alle nicht identifizierenden Attribute einer Relation "voll funktional abhängig" sind von ihrem Schlüssel. Ein Schlüssel besteht aus einem oder mehreren Schlüsselattributen. Dies führt dann dazu, daß jedes nicht identifizierende Attribut genau einen Schlüssel zugewiesen bekommt, wodurch eine redundanzfreie Speicherung aller nicht identifizierenden Attribute erreicht werden kann. Hierdurch können sogenannte Updateanomalien verhindert werden. Wäre z. B. in der Relation "Personal" neben der Projekt-Nr. auch noch die Laufzeit enthalten, so müßte bei einer Änderung der Laufzeit nicht nur eine Änderung in der Relation "Projekte", sondern auch in der Relation "Personal" durchgeführt werden, was aus der Logik der Namensgebung nicht ohne weiteres einsichtig ist.

Das Beispiel in Abb. 6-4 zeigt, daß es auch Relationen geben kann, in denen mehrere Schlüsselattribute geführt werden. Prinzipiell sind auch Relationen zugelassen, die ausschließlich identifizierende Schlüsselattribute enthalten. Über sie werden andere Relationen miteinander in Beziehung gesetzt. Verfügen solche verknüpfenden Relationen aber selber auch über nicht identifizierende Attribute, dürfen sie nach den CODD'schen Regeln nur Merkmale dieser Beziehung ausdrücken. Die Angaben zu "% der Arbeitszeit" sind nur in der Kombination mit einer Person und mit einem Projekt sinnvoll. Beide Schlüsselattribute werden benötigt, um zum richtigen, aussagefähigen Attributwert (70, 100 bzw. 50% usw.) zu führen. Das Normalisieren der Relationen führt zwar zu einer redundanzfreien Speicherung der nicht identifizierenden Attribute, bewirkt jedoch eine Zunahme der Redundanzen bei den Schlüsselattributen. Aus der Sicht konkreter Anwendungen ist allerdings damit zu rechnen, daß Schlüsselattribute kaum Änderungen unterliegen, so daß eine relativ hohe Redundanz nicht zu Inkonsistenzen führen wird. Für die Durchführung der Normalisierung gibt es keinen Automatismus. Sie kann nur mit Kenntnis der Bedeutung jedes einzelnen Attributes erfolgen. Es lassen sich allerdings über die Beschreibung von Aufgaben hilfreiche Informationen über inhaltliche Abhängigkeiten der Daten gewinnen. So entwickelte z. B. DÖRINGER [1978] eine Strukturierungsmethode, mit der über eine Analyse von Aufgaben und deren Zugriff auf bestimmte Daten der Vorgang der Normalisierung von Relationen unterstützt werden kann.

Für eine wirkungsvolle Datenintegration mit Hilfe von Datenbanksystemen ist allerdings ein weiteres Problem zu lösen. Dieses Problem ist formalen Analysen allerdings nur begrenzt zugänglich. Gemeint ist die Eindeutigkeit der Bezeichnungen und Inhalte jedes Attributes. Diese Problem wird sehr ausführlich von BRENNER [1988] behandelt. Er beschreibt in seiner Arbeit die Möglichkeit, mit Hilfe einer Entwurfsdatenbank eine Analyse jedes einzelnen Attributes vorzunehmen, indem er klassifizierende Merkmale über Typ, Wertebereich und Gültigkeitsbereich einführt. Die Notwendigkeit einer solchen Analyse resultiert aus der betrieblichen Situation, in der häufig für gleiche Sachverhalte unterschiedliche Bezeichungen verwendet werden (Synonyme), z. B. Kommissions-Nr. und Auftrags-Nr. für die Identifizierung eines Kundenauftrages, oder aber gleichen Bezeichnungen unterschiedliche Bedeutung beigemessen wird (Homonyme), wie z. B. Aufträge, womit sowohl Bestellaufträge als auch Fertigungsaufträge gemeint sein können. Mit der Einführung von EDV-Inseln bestand zunächst keine Notwendigkeit hier eine einheitliche Terminologie einzuführen. Eine Datenintegration macht es dagegen erforderlich, diese semantischen Probleme zu lösen. Dabei ist es beim Auftreten von Synonymen nicht zwingend erforderlich, rigoros zu vereinheitlichen, solange gewährleistet ist, daß diese Synonyme innerhalb der EDV-Welt über entsprechende Synonymtabellen bekannt sind. Homonyme dürfen hingegen nicht zugelassen werden, da die Eindeutigkeit in der Interpretation vorhandener Begriffe eine notwendige Voraussetzung zur Datenintegration ist.

6.2 Kommunikationstechnologie

Rechnerkopplungen und Rechnernetze entstanden bereits Ende der 60er Jahre. Die International Organization of Standardization (ISO) rief hingegen erst 1977 im Bereich des TC (Technical Committee) das SC 16 (Subcommittee) mit der Bezeichnung "Open System Interconnection" (OSI) ins Leben und übertrug ihm die Aufgabe, Voraussetzungen zu schaffen, die es erlauben, daß EDV-Anlagen verschiedener Hersteller miteinander kommunizieren können [vgl. BURKHARDT 1981]. Die Kommunikation zwischen verschiedenen EDV-Systemen ist nur dann möglich, wenn die Art und Weise des Datenaustausches genau definiert ist. Diese Definitionen enthalten genaue Angaben über Datenformat, Dateninterpretation und zeitlichen Ablauf des

Datenaustausches. Seit 1979 existiert das ISO/OSI-Referenzmodell für offene Rechnernetze. Dieses Modell definiert 7 aufeinander aufbauende Kommunikationsschichten mit jeweils genau festgelegten Aufgaben. Das Referenzmodell ist bewußt frei gegenüber unterschiedlichen Realisierungen, es erlaubt somit die Nutzung unterschiedlicher Technologien (vgl. Abb. 6-5).

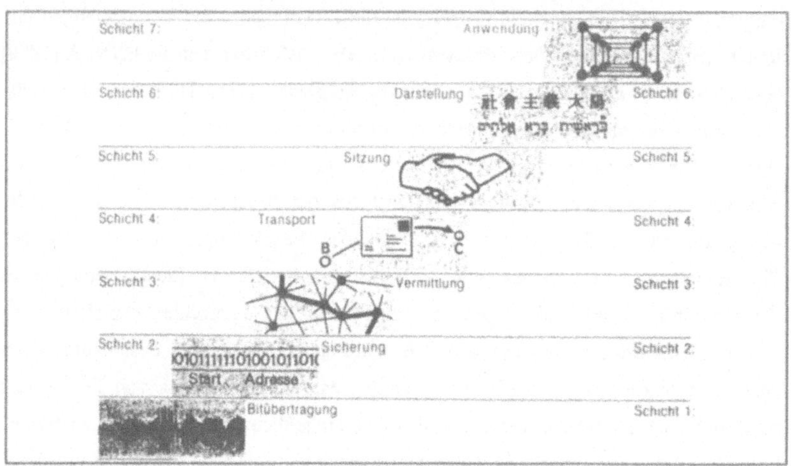

Abb. 6-5: Die Schichten des ISO/OSI-Referenzmodells und ihre Aufgaben [DEKER 1987]

Die Entwicklung der Kommunikationstechnologie zielt darauf ab, einen reibungslosen, d.h. korrekten und schnellen Datenaustausch zwischen verschiedenen Rechnern und auch peripheren Einrichtungen wie Terminals und Druckern zu ermöglichen. Aus Sicht des Anwenders sollen sich alle EDV-Systeme, die jeweils für eine bestimmte Aufgabenerfüllung zuständig sind, gemeinsam wie ein großes, alle Anforderungen abdeckendes EDV-System verhalten. Die im Referenzmodell dargestellte Kommunikationsarchitektur definiert Kommunikation in einem Rechnernetz daher als einen Vorgang zwischen zwei gleichberechtigten Verarbeitungsinstanzen. Die Verarbeitungsinstanzen stützen sich in ihrer Kommunikation auf eine Hierarchie von Kommunikationsdiensten. Sie ergeben sich aus der funktionalen Zerlegung der in jeder Kommunikation auftretenden formalen Komponenten [BURKHARDT 1981]. Die Kommunikationsfähigkeit von Verarbeitungsinstanzen erlaubt es, eine Benutzeranforderung als eine verteilte Verarbeitungsaufgabe zu formulieren und durchzuführen (distributed processing). Das Zusammenspiel der Verarbeitungsinstanzen ist für den Auftraggeber dabei unsichtbar. Für ihn existiert in diesem Sinne nur ein System, von dem er seine EDV-Dienstleistungen erhält. Der Benutzer "sieht" von einem System, das zu einer verteilten

Verarbeitung fähig ist, nur, was das System leistet, nicht aber, an welchem Ort das geschieht.

Die Realisierung der Kommunikation erfolgt mit Hilfe sogenannter Protokolle. Die Funktion der Protokolle kann mit der mehrerer Briefumschläge verglichen werden. Sie bilden den Beipack, mit dem die Nachricht an ein anderes Verarbeitungssystem versehen wird, um sie "versandfertig" zu machen. Der Vorgang vollzieht sich in mehreren aufeinanderfolgenden Stufen. Die Protokolle der Schichten 1 bis 4 sind für den eigentlichen Transport der Nachrichten verantwortlich. Hierzu existieren heute einige festdefinierte Normungsvarianten. Darüber hinaus gibt es eine Vielzahl von erlaubten Kombinationen, was eine Integration zum Teil erschwert [vgl. SUPPAN-BOROWKA/SIMON 1987, S. 83 ff.]. Die Protokolle der Schichten 5 bis 7 haben die Aufgabe, eine einheitliche Kommunikationssteuerung, Datendarstellung und -verarbeitung zu gewährleisten. Funktionszuordnung und Funktionsumfang der Schichten 5 bis 7 sind noch nicht endgültig festgelegt [vgl. HEGERING 1988].

Fast alle Hardwarehersteller bieten heute eigene Netze an, die sich an den bereits bestehenden Normen orientieren, diese aber nicht immer in vollem Umfang abdekken. Zudem unterstützen diese Netze unterschiedliche Protokollvarianten für die Schichten 1 bis 4. Die Schnittstellen der angebotenen EDV-Systeme sind jeweils auf die anbieterspezifischen Netze abgestimmt. Sofern nun EDV-Systeme gekoppelt werden sollen, die über unterschiedliche "Standard"-Schnittstellen verfügen, besteht die Möglichkeit, durch ein spezielles Protokoll eine direkte Punkt-zu-Punkt-Verbindung aufzubauen, oder die Bausteine über die jeweils passenden Netze unter Verwendung spezieller Netzbrücken (z. B. Gateways) zu koppeln [vgl. KAUFFELS 1986; CIM-Recherche 1986]. Für beide Varianten können die entsprechenden Schnittstellen meist vom EDV-Anbieter direkt mitgekauft werden.

6.3 Datenbanksysteme in einer Netzumgebung

Es gibt verschiedene Möglichkeiten, ein Datenbanksystem in ein Netz einzubinden. Eine Möglichkeit besteht darin, das Datenbanksystem auf einem EDV-System zu implementieren, zu dem alle Benutzer direkt oder über andere EDV-Systeme Zugriff haben. Steht dieses EDV-System ausschließlich für die DBS-Software zur Verfügung, bezeichnet man es auch als Datenbankrechner. Seine "Spezialdienste" können über das Netz von den anderen Teilnehmern im resource sharing in Anspruch genommen werden. Die Vorteile der zentralen Kontrolle über alle Daten bleiben dadurch auch in einer Netzumgebung erhalten. Alle Datenbankdienste müssen bei diesem Aufbau über das Netz abgewickelt werden. Sollen datenbankintensive Anwendungen, wie zum Beispiel die Erfassung von Lagerbewegungsdaten, im Dialog erfolgen, ist es notwendig, über sehr leistungsfähige Kommunikationsdienste zu verfügen, da sich sonst bald unakzeptabel lange Antwortzeiten einstellen. Probleme können auch dann auftreten, wenn die Datenbankaktivitäten, die schließlich von allen Netzteilnehmern initiiert werden können, derart zunehmen, daß sich der Datenbankrechner zum "Flaschenhals" des gesamten Systems entwickelt. Abhilfe kann in einem solchen Fall durch ein verteiltes Datenbanksystem geschaffen werden. Die Umgebung eines verteilten DBS bildet ein Rechnernetz. Es stellt gewissermaßen die technische Voraussetzung für ein verteiltes DBS dar. Verteilte DBS zeichnen sich dadurch aus, daß Elemente der logischen Datenbank und deren Verwaltungsroutinen an physikalisch verschiedenen Orten anzutreffen sind.

Sei D die Menge aller logischen DB-Elemente und d_{xj} das x-te Element aus D, daß an Knoten j vorliegt, dann heißt die DB aufgeteilt, wenn gilt:

$$\bigcup_{x,j} d_{xj} = D \qquad \text{und} \qquad \bigcap_{x,j} d_{xj} = \phi.$$

Eine aufgeteilte DB ist immer dann vorteilhaft, wenn für jeden Netzteilnehmer entschieden werden kann, welche Daten er für seine Aufgaben benötigt, und im Datenbedarf aller Netzteilnehmer nur geringe oder keine Überschneidungen vorliegen. Diese Strategie findet sich z. B. in der Ausgabe regionaler Telefonbücher wieder. Hier liegt die Annahme zugrunde, daß das Abfragen von Telefonnummern außerhalb eines bestimmten Bereichs selten auftritt.

Die DB heißt vollständig redundant, wenn gilt:

$$\text{für alle j ist} \quad \bigcup_{x} d_{xj} = D \quad \text{und damit} \quad \bigcap_{x,j} d_{xj} = D.$$

Eine vollständig redundante DB ist immer dann vorteilhaft, wenn alle Netzteilnehmer alle Daten ständig im direkten Zugriff benötigen, und eine Änderung der Daten äußerst selten erfolgt. So müssen z. B. Reisebüros ständig Zugriff auf die Fahrpläne der Bundesbahn haben. Um den realen Anforderungen, die meist eine Mischung aus den oben beschriebenen Situationen darstellen, von DB-Benutzern Rechnung zu tragen, sind alle Zwischenstufen, d.h. auch teilweise redundante DB denkbar.

Eine DB heißt teilweise redundant, wenn gilt:

$$\text{es gibt } x,y,j,k, \text{ so daß } \quad d_{xj} \cup d_{xk} = d_{xj} = d_{xk}$$
$$\text{und} \quad d_{yj} \cap d_{yk} = \phi.$$

Rein rechnerisch betrachtet gibt es 2^n Möglichkeiten (n: Anzahl Netzteilnehmer), die Datenelemente den Netzteilnehmern zuzuordnen. Bei der Entscheidung über den Grad der Redundanz spielen neben der Forderung nach geeigneten Antwortzeiten die Datensicherheit und der Datenschutz eine Rolle. Dabei führt die Datensicherheit, sofern sie sich auf die Ausfallsicherheit bezieht, zu einer Erhöhung der Redundanz, die Forderung nach Datenschutz limitiert eher die Anzahl der Kopien (z. B. für eine Personaldatei). Eine Quantifizierung solcher Forderungen derart, daß sie durch Maßzahlen abgebildet in ein Modell eingehen können, ist ohne weiteres nicht möglich. SCHNUPP [1981] nennt als wichtigste "Parameter für die Wahl der optimalen Verteilungsstrategie ... die Größe des Datenbestandes, die Änderungshäufigkeit" sowie "die bei Aufteilung zu erwartende Fehlerrate, d.h. der Anteil der Zugriffswünsche, welche nicht mit dem lokalen Datenbestand befriedigt werden können" (vgl. Abb. 6-6).

Datenbestand	Änderungs- häufigkeit	erwartete Fehlerrate bei Aufteilung	vermutlich günstigste Organisation
klein	klein	klein	mehrfach
klein	klein	groß	mehrfach
klein	groß	klein	aufgeteilt
klein	groß	groß	zentralisiert
groß	klein	klein	aufgeteilt
groß	klein	groß	aufgeteilt
groß	groß	klein	aufgeteilt
groß	groß	groß	zentralisiert

Abb. 6-6: Einflußparameter auf die Wahl der Datenhaltung [SCHNUPP 1981, S.47]

Die Antwortzeiten eines verteilten DBS werden jedoch nicht allein durch die Redundanz der Daten beeinflußt, sondern wesentlich auch durch die gewählten Verfahren, nach denen das DBMS die DB verwaltet [vgl. ROTHNIE/GOODMAN 1977]. Es handelt sich dabei um Zugriffsverfahren und Kontrollfunktionen. Lösungen, die für zentrale DBS geeignet sind, müssen nicht notwendigerweise auch für verteilte DBS geeignet sein. Die grundlegenden Arbeiten hierzu sind Ende der 70er Jahre geleistet worden, diesen folgten recht bald erste Realisierungen. Das verteilte DBMS erfüllt alle Funktionen eines zentralen DBMS, und zwar so, daß die verteilte DB dem Benutzer als eine (zentrale) Einheit erscheint. Es ist zugelassen, daß einzelne Funktionen des verteilten DBMS zentral durchgeführt werden (vgl. DEPPE/FREY 1976; ROTHNIE/ GOODMAN 1977; CODASYL SYSTEMS COMMITTEE 1978; ADIBA/CHU-PIN/DEMOLOMBRE/GARDARIN/LE BIHAN 1978). Prinzipiell wäre es denkbar, daß ein verteiltes DBMS eine aufgeteilte, eine vollständig redundante oder eine teilweise redundante Datenbank unterstützt.

Von MOHAN [1984] stammt eine Übersicht über 10 Prototypen verteilter Datenbanksysteme. Inzwischen liegen bereits erste praktische Erfahrungen über den Einsatz verteilter Datenbanksysteme vor [vgl. REUTER 1988, NEHMER 1988]. Trotzdem spielen sie für die betriebliche Praxis bislang nur eine untergeordnete Rolle, da sie allesamt nicht darauf abzielen, auch Datenbanken verschiedener Hersteller zu sogenannte heterogenen Datenbanken zu vereinen. Vor diesem Problem stehen allerdings die betrieblichen Anwender, wenn sie eine Integration von CIM-Komponenten durchführen wollen [vgl. JABLONSKI/WEDEKIND 1988].

6.4 Bewertung der technischen Voraussetzungen für die Datenintegration bei CIM

Der Einsatz von Datenbanksystemen erlaubt eine anwendungsunabhängige Speicherung und Verwaltung der Daten. Der Benutzer kann unabhängig von den vorhandenen Programmoduln über eine Abfragesprache beliebige Auswertungen der gespeicherten Daten vornehmen. Durch ein Zusammenfügen von Daten aus mehreren Anwendungsbereichen unter einer einheitlichen ·Verwaltung und Kontrolle können dem Benutzer zusätzliche Informationsquellen mit schnellem Zugriff erschlossen werden. Solche Datenbanksysteme sind bereits betriebliche Realität, sofern sie sich auf ein beschränktes Aufgabengebiet beziehen. Einige CIM-Komponenten, vor allem CAD-Systeme, bedürfen aber spezieller Eigenschaften bezüglich der Datenhaltung, die im allgemeinen von herkömmlichen Datenbanksystemen nicht erfüllt werden können [vgl. KÖHL/ESSER/KEMMNER/FÖRSTER 1989]. Neuere Entwicklungen auf dem Gebiet der verteilten Datenbanksysteme könnten diese Probleme in der Zukunft lösen. Die heute bereits existierenden verteilten Datenbanksysteme bauen alle auf dem Relationenmodell auf. In der Praxis konnten sie allerdings bisher noch keine große Bedeutung erlangen, da hier heterogene Datenbanken kooperieren müssen. Eine Kooperation verschiedener Datenbanksysteme ist bisher nicht realisiert. Die Verknüpfung eigenständiger EDV-Systeme stellt heute allgemein kein Problem mehr dar. Protokolle unterstützen diesen Vorgang. Sie sorgen für eine fehlerfreie Übertragung der Daten, indem sie die Codes und Datenformate der verschiedenen Rechnersysteme in die jeweils benötigte Form übersetzen. Außerdem organisieren sie die Nutzung des Kommunikationsmittels. Diese Form der Datenintegration stellt gewissermaßen eine Automatisierung bereits vorhandener und damit bekannter und erprobter Kommunikationswege dar. Mit anderen Worten: diese Form der Datenintegration ist in erster Linie dazu geeignet, den Informationstransport zwischen zwei räumlich getrennten Systemen zu beschleunigen.

Bei den zukünftigen Integrationsbemühungen ist auch weiterhin davon auszugehen, daß die Schaffung der EDV-technischen Voraussetzungen zur Integration weitgehend durch die EDV-Anbieter erfolgt. Zum Teil stehen heute schon leistungsfähige Netze zur Verfügung, wobei sich inzwischen die Normungsbemühungen der ISO auswirken. Für den EDV-Anwender ist es allerdings wichtig zu beachten, daß diese Normungen zunächst unabhängig von den betrieblichen Anwendungsproblemen erfolgen. Hier kann es zu Mißverständnissen kommen, wenn nämlich EDV-Spezialisten von Anwendungen sprechen, meinen sie bestimmte EDV-Dienstleistungen wie z. B. Filetransfer, Dialogverarbeitung oder Terminalemulation. Betriebliche Anwender verstehen unter Anwendungen dagegen Stücklistenübergabe, NC-Programmabruf oder Lagerbestandsabfrage. Genormt werden aber lediglich die EDV-Dienste, die zur Verfügung stehen, um darauf aufbauend die betrieblichen Anwendungen zu entwickeln. CIM setzt also die Dienste der 7 Schichten voraus.

Eine Integration im Sinne einer gemeinsamen Datenbasis für alle betrieblichen Anwendungen wird erst in der ferneren Zukunft möglich sein. Bis dahin wird die Realisierung von CIM-Konzepten in einer Kopplung von Teilsystemen münden. Für den Anwender bleibt damit auch für die Zukunft das Problem bestehen, seine CIM-Komponenten richtig im Sinne von integrierbar auszuwählen. Von den CIM-Komponenten hängt es ab, welcher Datenaustausch erforderlich ist. Diese Entscheidung wird auch dann nicht entfallen, wenn die umfangreichen Aktivitäten zur Normung sogenannter CIM-Schnittstellen abgeschlossen sein werden. Diese Arbeiten basieren alle auf der Annahme, daß Aufgaben mit unterschiedlichen Systemen abgewickelt werden und sie haben hier ihre Bedeutung. Für den Anwender bleibt zu beachten, daß für die Auswahl des geeigneten Kommunikationsmittels vor allem Umfang und zeitliche Anforderungen des Datenaustausches wichtige Kenngrößen sind.

7. Gestaltung der Datenintegration

Die Datenintegration muß als ein Mittel verstanden werden, das eine Umgestaltung des betrieblichen Informationsflusses erlaubt und in Einzelfällen auch weitreichende Konsequenzen für die betriebliche Aufbau- und Ablauforganisation haben kann. Die Datenintegration darf daher nicht allein unter EDV-technischen Aspekten angegangen werden.

Dokumentiert wird dies auch mit der CIM-Expertenbefragung des Forschungsinstituts für Rationalisierung. So rechnen 61% der Befragten damit, daß im Zuge EDV-technischer Integrationsmaßnahmen neuartige Abteilungen entstehen. Gleichzeitig prognostizieren 33%, daß bestehende Abteilungen wegfallen (vgl. Abb. 7-1). Diese Veränderungen sollen vor allem einer übergreifenden, prozeßorientierten und produktorientierten Organisationsform dienen [vgl. KÖHL/ESSER/KEMMNER/ FÖRSTER 1989, S. 33]. Die befragten Experten verweisen in diesem Zusammenhang auf die Notwendigkeit zur "Integration der betrieblichen Aufgabenbereiche", zur "Aufhebung von Abteilungsgrenzen" und zur "Verringerung der Arbeitsteilung" [KÖHL/ESSER/KEMMNER/WENDERING 1988]. Der Nutzen dieser Umgestaltung liegt in der Verbesserung des Informationsflusses zwischen allen an der Auftragsabwicklung beteiligten Aufgabenbereichen.

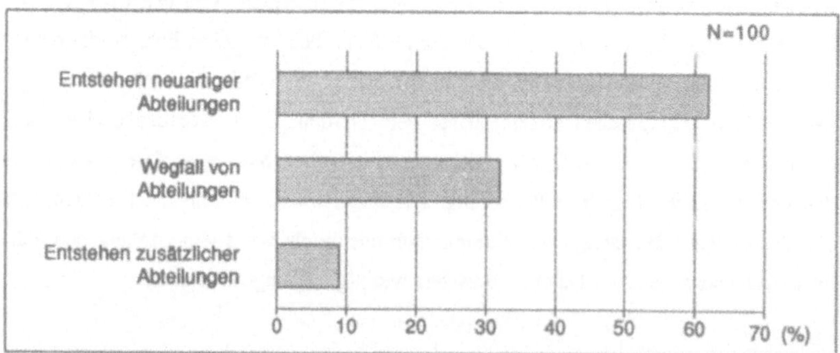

<u>Abb. 7-1</u>: Erwartete organisatorische Veränderungen [in Anlehnung an: KÖHL/ESSER/KEMMNER/WENDERING 1988]

Obwohl mit fortschreitendem Rechnereinsatz auch der Umfang EDV-mäßig erfaßter Daten zugenommen hat, ist die derzeitige betriebliche Situation dadurch gekennzeichnet, daß dem Anwender Daten häufig nicht in der Form zur Verfügung stehen, wie es seinem täglichen Bedarf entspricht.

Entsprechend geht eine Forderung der Anwender heute dahin, daß alle Daten situationsabhängig beliebig abfragbar sein sollen. Somit dominiert bei der EDV-Einführung nicht mehr die Forderung nach automatischer Abwicklung von Aufgaben. Die Datenbereitstellung und damit die unverzichtbaren Aufgaben der Datenerfassung, der Datenspeicherung und -verwaltung, des Datentransports und der Datendarstellung gewinnen zunehmend an Bedeutung. Die Forderung kann nur durch eine Gestaltung der Datenintegration erreicht werden, bei der der Informationsbedarf aller Aufgabenträger berücksichtigt wird.

7.1 Gestaltungsgegenstand

Gegenstand der Gestaltung der Datenintegration sind alle betrieblichen Daten im Funktionsbereich von CIM, die formalisiert erfaßt, verwaltet und ggf. verarbeitet werden können und sollen. Betriebliche Daten lassen sich nach HACKSTEIN [1988, S. 43/44] in zwei Kategorien einteilen. Sogenannte Stammdaten dokumentieren das Wissen über Produkte, Produktionsmittel und Verfahren. Sogenannte Bewegungsdaten dokumentieren die Abläufe der Produktion.

Das Anlegen und Ändern bestimmter Stammdaten fällt üblicherweise in die Zuständigkeit eines bestimmten betrieblichen Bereichs. Hier müssen sie in der Regel meist weiteren Bereichen zur Information oder zur Verarbeitung zugänglich gemacht werden. Bewegungsdaten fallen dagegen im Unternehmen verstreut an. Hier bedarf es einer Zusammenführung, die eine Auswertung und Verdichtung nach unterschiedlichen Aspekten erlaubt [vgl. HACKSTEIN 1984, S. 233].

Zur Weitergabe bzw. Bereitstellung sind Datenträger erforderlich. Alle Daten, die mit Hilfe von EDV-Systemen verarbeitet werden sollen, müssen in maschinenlesbarer Form vorliegen. Das wichtigste Medium ist hierbei sicherlich die Magnetplatte, die einen schnellen Zugriff auf Daten erlaubt. In der Praxis spielen auch Magnetbänder sowie maschinenlesbare Belege eine bedeutende Rolle.

Es ist jedoch zu beachten, daß nicht alle zur Aufgabenerfüllung nutzbaren Daten einer derartigen Verarbeitung zugänglich sind. Manche befinden sich nur in den Köpfen der Mitarbeiter, die sie aufgrund ihrer Erfahrung gesammelt haben. Diese Daten sind einem Gestaltungsprozeß nicht zugänglich. Die anforderungsgerechte Gestaltung der "zugänglichen" Daten kann allerdings die Mitarbeiter in der effizienten Nutzung ihres "privaten Datenbestandes" unterstützen.

7.2 Gestaltungsziel

Die Gestaltung der Datenintegration soll dazu führen, daß der Informationsbedarf der Aufgabenträger umfassend befriedigt werden kann. Zur Durchführung einer Aufgabe bedarf es eines Anstoßes. Der Grund für die Durchführung einer Aufgabe kann zum einen sein, daß Daten zu einem bestimmten Zeitpunkt vollständig vorliegen und verarbeitet werden müssen. Hierzu zählt zum Beispiel die Arbeitsplanerstellung für ein bestimmtes Teil, die erst durchgeführt werden kann, wenn die Angaben aus der Konstruktion für dieses Teil vorliegen. Zum anderen kann der Anstoß der sein, daß Daten zu einem bestimmten Zeitpunkt benötigt werden. Hierzu zählt zum Beispiel die Bestimmung der Kapazitätsauslastung, wenn ein neuer Auftrag eingeplant werden soll.

Unabhängig davon, woher der Anstoß für die Durchführung einer Aufgabe rührt, gilt für alle Aufgaben gleichermaßen, daß sie Daten benötigen und Daten liefern. Art, Umfang und Zeitpunkt der Datenbereitstellung müssen den inhaltlichen und zeitlichen Anforderungen der zu erfüllenden Aufgabe entsprechen. Ziel der Gestaltung ist es daher, daß alle erforderlichen Daten zum Zeitpunkt ihrer Verarbeitung vollständig und korrekt verfügbar sind.

Die konsequente Realisierung dieses Ziels kann nur über die Abbildung der tatsächlich vorhandenen logischen Beziehungen der betrieblichen Daten in einem EDV-technischen Modell erfolgen. Mit der Abbildung der prinzipiellen Strukturen werden implizit auch die Möglichkeiten der Aufbereitung von Nachrichten und damit die Möglichkeiten der Beschaffung von Informationen festgelegt. Nur so kann der Informationsbedarf aller Aufgabenträger mit Sicherheit gedeckt werden.

Durch eine Gestaltung der Datenintegration entstehen Rückkopplungen zur Gestaltung der Funktionsintegration. Die Funktionsintegration bildet ihrerseits das Gestaltungsumfeld für die Datenintegration.

7.3 Gestaltungsumfeld

Betriebliche Aufgaben und ihre Ausführung dürfen nicht als unveränderlich betrachtet werden. KÖSTER/HETZEL [1971, S. 273] beschreiben: "Das Vorhaben der Verbesserung des Systems der innerbetrieblichen Abläufe als ein ständiges Bemühen, die Methoden, die in den Arbeitsgebieten angewandt werden, durch bessere zu ersetzen." Vor diesem Hintergrund ist bei der Gestaltung der Datenintegration darauf zu achten, daß durch sie keine Beschränkungen in der Art der Durchführung einer Aufgabe entstehen.

Eine notwendige Voraussetzung für die Gestaltung der Datenintegration bildet daher die Input-/Outputanalyse, bei der die Aufgaben als Black boxes mit nicht festgelegtem Inhalt betrachtet werden [ZANGEMEISTER 1980]. Aus einer Input-/ Outputanalyse aller Aufgaben lassen sich Hinweise für die sinnvolle Zusammenfassung von Aufgabenbündeln ableiten. Diese können zur Gestaltung der Funktionsintegration genutzt werden, wenn sich herausstellt, daß hinter Aufgaben mit ähnlichem Datenbedarf auch ähnliche Denkprozesse und zusammenhängende Abläufe stehen. Die Zahl notwendiger "Systemübergänge" kann durch eine geeignete Funktionsintegration gering gehalten werden, was unmittelbare Konsequenzen für den Aufwand zur Datenbereitstellung und -verwaltung hat. In der betrieblichen Realität sind darüber hinaus Analysen der erforderlichen Mittel und Qualifikationen der Mitarbeiter zur Aufgabenerfüllung maßgebende Kriterien. Die Menge der Aufgaben sowie räumliche Abhängigkeiten erfordern allerdings eine Verteilung von Aufgaben auf mehrere Aufgabenträger.

Bisherige Arbeiten zur Organisationstheorie beschäftigten sich mit der Organisation der menschlichen Arbeit. Zumeist wird die Vorstellung zugrunde gelegt, daß der Mensch der einzige bestimmende Aufgabenträger bei der Leistungserstellung ist, oder aber der Entscheidung über die Zuordnung von Aufgaben zu Aufgabenträgern wird eine untergeordnete Bedeutung beigemessen. So sieht GROCHLA [1974] die primären Unterschiede zwischen menschlichen und maschinellen Aufgabenträgern in einer höheren Flexibilität der Kapazitätsanpassung der Menschen. Die Entwicklung der (Produktions- und) EDV-Technik hat aber bereits einen Stand erreicht, auf dem sie nicht mehr ohne weiteres nur als technisches oder organisatorisches Hilfsmittel einzustufen ist. Gerade die in den letzten Jahren aufkommenden hohen Erwartungen an die Entwicklung der künstlichen Intelligenz haben in Informatiker- und Ingenieurkreisen dazu beigetragen, die Diskussion über die Rolle des Menschen und die der Technik zu fördern [BRÖDNER 1986, DREYFUS/DREYFUS 1987].

Ein Modell zur Gestaltung der Datenintegration muß daher Anforderungen der menschlichen Organisation und Fragen der EDV-Organisation miteinander verknüpfen.

7.3.1 Der Zusammenhang zwischen Aufgaben und Aufgabenträgern

Ausgangspunkte der organisatorischen Gestaltung und damit auch der Modellentwicklung sind die betrieblichen Aufgaben, die im Rahmen einer technischen Auftragsabwicklung durchgeführt werden müssen. Hierbei handelt es sich um die Aufgaben, die im Rahmen der AWF-Definition bereits umrissen wurden. Detaillierungen sind aus zahlreichen Veröffentlichungen hinreichend bekannt und werden im Rahmen dieser Arbeit nicht näher betrachtet [ALMENRÄDER 1983; EVERSHEIM 1982; FÖRSTER 1988; ROOS/FÖRSTER/V.LOEFFELHOLZ 1988; TREULING 1988].

Eine Aufgabe soll als untrennbare logische Einheit verstanden werden. Die Durchführung einer Aufgabe obliegt einem Aufgabenträger. Aufgabenträger können Menschen, aber auch EDV-Systeme sein (sofern eine Abgrenzung möglich ist, wird in Verbindung mit EDV-Systemen von Funktionen statt von Aufgaben gesprochen). Im ersten Fall übernehmen EDV-Systeme im Rahmen der Aufgabenerfüllung unterstützende Funktionen, im zweiten Fall erfolgt ein automatischer Betrieb, der planmäßig ohne menschlichen Eingriff abläuft.

Die Zuordnung von Aufgaben zu Aufgabenträgern sollte unter Beachtung der spezifischen Stärken menschlicher bzw. maschineller Aufgabenträger erfolgen [vgl. hierzu auch VOLPERT 1987]. Dabei muß es Ziel sein, dem Menschen im Arbeitsprozeß die Aufgaben zu übertragen, in denen er technischen Systemen überlegen ist. Diese Überlegenheit ist immer dann gegeben, wenn es erforderlich ist, "freie" Entscheidungen zu treffen. Unter frei soll verstanden werden, daß der Mensch prinzipiell in der Lage ist, sich wechselnden Umweltanforderungen flexibel anzupassen und vor allem neuartige Anforderungen im Rahmen von Entscheidungen zu berücksichtigen, ohne daß hierfür bereits detaillierte Handlungsanweisungen vorliegen müssen. Technischen Systemen können im allgemeinen nur solche Aufgaben übertragen werden, bei deren Ausführung Regeln bzw. Algorithmen zur Anwendung kommen, die in hohem Maße allgemeingültig oder vorhersehbar sind.

Dieser Sachverhalt soll anhand eines Beispiels verdeutlicht werden. Ein EDV-System verfügt über die Funktionen Durchlaufterminierung, Kapazitätsbedarfsermittlung, Kapazitätsabstimmung und Reihenfolgeplanung. Die Berechnung der Zeitanteile zur Durchlaufzeitberechnung erfolgt immer nach demselben Schema. Im Normalfall schließt sich für alle Fertigungsaufträge für die Teilefertigung eine Rückwärtsterminierung ausgehend vom (Montage-)Bedarfstermin an, auf deren Ergebnissen die Kapazitätsbedarfsermittlung aufbaut. Werden hierbei Engpässe festgestellt, ist es im

Rahmen der Kapazitätsabstimmung möglich, zunächst vom System die Reihenfolge der Arbeitsgänge an der Engpaßkapazität einzuplanen, und für alle betroffenen Aufträge danach eine teilweise Rückwärts-bzw. teilweise Vorwärtsterminierung durchführen zu lassen. Das Erstellen des Fertigungsprogramms wird in diesem Fall aufwendiger sein und zu Terminverschiebungen gegenüber dem ursprünglichen Plan führen, der auf der Basis einer einfache Rückwärtsterminierung erstellt wurde.

Es ist nun denkbar, daß das EDV-System selbständig feststellen kann, wo eine zeitweise Überlastung der Kapazitätseinheiten auftritt. Um den Schluß abzuleiten, daß diese Kapazität eine Engpaßsituation erzeugt, auf die reagiert werden muß, bedarf es allerdings weiterer Informationen. Zum Beispiel ist es wichtig zu wissen, ob alle geplanten Werkstattauftrags-Termine "sicher" sind. Viele Unternehmen fertigen nicht auf allen Stufen ausschließlich kundenorientiert, sondern sind in der Lage, eine kundenanonyme Vorfertigung bestimmter Teile vorzunehmen. Diese Teile können in der Regel in größeren Losen gefertigt werden und dienen zur Haltung eines kleinen Zwischenlagerbestandes. Geringe Terminverschiebungen bei solchen Werkstattaufträgen sind meist unkritisch. Eine Umplanung von Aufträgen kann unterbleiben, solange gewährleistet ist, daß nach einer gewissen Belastungsspitze auch wieder eine Belastungslücke zu erwarten ist. An dieser Stelle wären mit Sicherheit noch weitere Bedingungen denkbar, die überprüft werden müßten, um eine zeitweilige Überlastung auch als kritischen Engpaß einzustufen. Der Mensch ist sehr schnell in der Lage, anhand weniger, relevanter Informationen eine Entscheidung zu treffen. Wollte man dagegen diese Entscheidung automatisieren, müßten alle relevanten Entscheidungsparameter "vorgedacht" und in Form von EDV-Programmen "vorformuliert" werden. Selbst, wenn es gelingen würde, ein solches Programm zu entwickeln, würde der erreichbare Nutzen den damit verbundenen Aufwand kaum rechtfertigen.

Praktische Hinweise für eine Mensch-Rechner-Aufgabenverteilung aus arbeitswissenschaftlicher Sicht finden sich bei HEEG [1988b, S. 133] sowie NULLMEIER/RÖDIGER [1987, S. 123]. Sie sehen allerdings als erste Entscheidung eine Mensch-Mensch-Aufgabenverteilung vor und interpretieren dann das Problem der Mensch-Rechner-Aufgabenverteilung als eine Entscheidung darüber, wie eine Aufgabe ausgeführt werden soll. Gerade bei der Umstellung einer konventionellen Organisation auf EDV entfallen viele Tätigkeiten. Der Vorrat an zu verteilender menschlicher Arbeit wird dadurch prinzipiell kleiner. Der Gestaltungsspielraum für die menschliche Arbeit ergibt sich damit als eine strukturierte Teilmenge der Menge aller betrieblichen Aufgaben. Bei der realen Einführung von EDV muß deshalb die Entscheidung über die Zuordnung von Aufgaben zu Aufgabenträgern den Anfang jeder Überlegung zur organisatorischen Umgestaltung bilden.

7.3.2   Der Zusammenhang zwischen Aufgabenträger und Methoden

Für die Durchführung einer Aufgabe gibt es in der Regel mehrere Möglichkeiten, die sich sowohl in der Wahl der Methode als auch im Ablauf einzelner Aktionen unterscheiden. Beides muß mit den betrieblichen Erfordernissen in Einklang stehen. Zum Methodenrepertoir menschlicher Aufgabenträger gehören neben deterministisch berechenbaren Verfahren Heuristiken. Maschinelle Aufgabenträger verfügen ausschließlich über deterministisch berechenbare Verfahren und sind dem Menschen in deren Anwendung in der Regel überlegen.

Häufig ist die Auffassung anzutreffen, daß allein das Vorhandensein einer Methode, die mit algorithmischen Verfahren abbildbar ist, ausreicht, um eine Aufgabe zu automatisieren. Dies allein reicht jedoch nicht zur Entscheidungsfindung darüber, welche Methoden zur Durchführug einer Aufgabe benutzt werden können oder müssen. Es ist genauso erforderlich, den zu verarbeitenden Input und den gewünschten Output zu berücksichtigen. Beispielsweise gibt es für die Disposition verschiedene Verfahren, nach denen Bedarfe ermittelt werden können. Hier unterscheidet man grob zwischen deterministischen und stochastischen Berechnungsverfahren. Desweiteren gibt es Regeln über die Anwendung dieser Verfahren. Die Basis bilden hierbei ABC- und XYZ-Analysen [GAST 1985]. Was diese Verfahren allerdings nicht berücksichtigen, sind Daten über die Zuverlässigkeit eines Lieferanten oder die Auftragswahrscheinlichkeit eines wichtigen Kunden, der bereits ein Angebot erhalten hat. Eine richtige Einschätzung dieser Sachverhalte ist jedoch von hoher Bedeutung, wenn eine hohe Materialverfügbarkeit bei gleichzeitig geringen Lagerkosten erzielt werden soll. Der programmierbare Teil einer Bedarfsermittlung ist damit nicht in der Lage, alle relevanten Daten zu berücksichtigen.

Ein weiterer Aspekt kommt hinzu, wenn man eine Aufgabe als ein sogenanntes integriertes Element versteht. Diesen Sachverhalt soll die folgende informationstheoretische Betrachtung erläutern.

Jede Aufgabe nimmt, indem sie Input/Output-Beziehungen unterhält, sowohl die Funktion eines Senders als auch eines Empfängers wahr. Da eine Aufgabe aber keine nachrichtengenerierende Quelle ist, ist ihr Output grundsätzlich abhängig vom Input. In der Regel sind Aufgaben darauf ausgelegt, in gewissem Umfang verschiedene Arten von Input zu verarbeiten. Programmtechnisch betrachtet heißt das, daß ein Programm in Abhängigkeit von bestimmten vorhandenen bzw. nicht vorhandenen Inputdaten Verzweigungen durchläuft. Je sicherer die Inputdaten vorhersehbar sind, umso sicherer kann auch der Output vorhergesagt werden.

In einem integrierten System besteht zwischen einer Vielzahl von Aufgaben jeweils mehr als nur eine Beziehung. Der Output einer Aufgabe wird damit nicht allein vom Output einer einzigen vorgelagerten Aufgabe bestimmt, sondern von mehreren. Das bedeutet aber wiederum, daß eine Aufgabe, die einen bestimmten Output erzeugt und weiß, welche Aufgaben darauf aufbauen, deren Verhalten bestenfalls abschätzen, aber nicht vorhersehen kann.

Ein Beispiel für die Unsicherheit darüber, wie ein erzeugter Output von einer nachfolgenden Aufgabe verarbeitet werden wird, sei am Beispiel der Termin- und Kapazitätsplanung erläutert. In der Regel ist es möglich, für Fertigungsaufträge bestimmte Prioritätskennzeichen zu vergeben, um die Entscheidung der Reihenfolgeplanung und gegebenenfalls einer kurzfristigen Kapazitätsanpassung durch zusätzliche Schichten und/oder Auswärtsvergaben zu beeinflussen. Diese Prioritätskennzeichen sind allerdings nicht die einzigen Inputdaten, die die Reihenfolgeplanung beeinflussen. Wichtige Inputdaten sind ebenfalls die Ergebnisse der Verfügbarkeitsprüfung von Material und Betriebsmitteln. Sofern andere inputliefernde Aufgaben, in diesem Fall das Ergebnis der Verfügbarkeitsprüfung, in gleiche Richtung auf die nachfolgenden Aufgabe einwirken, ist davon auszugehen, daß der Output der Aufgabe Reihenfolgeplanung vorhersehbarer wird. Die inputliefernden Aufgaben ergänzen sich in ihren Aussagen und tragen zur Sicherung des gewünschten Output der nachgelagerten Aufgabe bei. Die Durchführung der Aufgabe erfolgt aus Sicht der vorgelagerten Aufgabe immer wahrscheinlicher so, wie man es wünscht oder erwartet.

Enthalten die Outputdaten vorgelagerter Aufgaben sich widersprechende Informationen, z. B. dadurch, daß durch Prioritäten eine bestimmte Reihenfolge vorgegeben wird, mangelnde Verfügbarkeit von Material und/oder Betriebsmitteln diese Reihenfolge aber nicht zuläßt, führt das zu einer Konfliktsituation. Die Inputdaten jeder einzelnen vorgelagerten Aufgabe würden mit einer recht hohen Wahrscheinlichkeit zu einer bestimmten, aber voneinander abweichenden Reihenfolge führen. Die Kenntnis beider Inputdaten führt bei der nachgelagerten Aufgabe zur Erhöhung der Unsicherheit über die Auswahl des richtigen Outputs. Der Output der nachgelagerten Aufgabe wird aus Sicht der davorliegenden unsicherer. Um diesen Effekt nicht weiter zu verstärken, ist es in einem solchen Fall von besonderer Wichtigkeit, zusätzliche Inputdaten zu erhalten, die zu einer sichereren Entscheidung über den Output führen. Dies kann z. B. durch eine Gewichtung der verschiedenen Inputdaten erfolgen. Diese Gewichtung durch den Menschen erfolgt jedoch nicht immer bewußt.

Zum Beispiel ist es denkbar, daß die Mitteilung einer Priorität für den Empfänger keine relevante Information darstellt, da die Prioritäten für fast alle Aufträge gleich hoch sind. Je häufiger hohe Prioritäten vergeben werden, umso geringer ist damit der Informationsgehalt für den Empfänger, da er quasi von vornherein mit diesen Angaben rechnet. Umso weniger ist dann aber zu erwarten, daß die Mitteilung sein Verhalten beeinflußt, so daß die Prioritätsdaten an Relevanz verlieren.

Zusammenfassend bleibt festzuhalten, daß es für die Entscheidung, eine Aufgabe einem maschinellen Aufgabenträger zu übergeben, nicht genügt, programmierbare Methoden und Verfahren zur Durchführung der Aufgabe zu kennen. Ebenso wichtige Fragen sind:

- Sind alle Inputdaten zum gewünschten Zeitpunkt verfügbar?
- Ist das "programmierbare" Verfahren in der Lage, in jedem Fall alle für die Aufgabe relevanten Inputdaten zu erfassen und beim Ablauf des Verfahrens zu berücksichtigen?
- Ist das "programmierbare" Verfahren in der Lage, die Wirkung seines Output auf andere Aufgaben abzuschätzen und sich ggf. mit anderen zu koordinieren?

Sind diese Voraussetzungen nicht alle erfüllt, bedarf es bei der Durchführung einer Aufgabe der Flexibilität und Kreativität des Menschen.

7.3.3   Der Zusammenhang zwischen Aufgabenträgern, Methoden und Daten

Wird die Art und Weise, wie eine Aufgabe ausgeführt wird, als eine Black box betrachtet, so lassen sich allgemeine Angaben darüber machen, welche Eingangsdaten diese Aufgabe verarbeiten und welche Ausgangdaten sie erzeugen soll. Unabhängig davon, welche Methoden gewählt werden und wer als Aufgabenträger zur Aktion kommt, werden bei der Ausführung einer Aufgabe bestimmte Datentypen angesprochen.

Dies soll am Beispiel einer Bedarfsermittlung für die Teilefertigung verdeutlicht werden. Aufgabe der Teilefertigung ist es, eine ausreichende Teileversorgung zu gewährleisten, so daß alle im Montageplan enthaltenen Baugruppen termingerecht begonnen werden können. Eingangsdaten für die Aufgabe Teiledisposition sind damit Angaben darüber, wann welche Baugruppen in welcher Stückzahl montiert werden sollen, sowie Angaben über die eingehenden Teile aus den entsprechenden Stücklisten. Ausgangsdaten sind Teilenummern, sowie Mengen und Termine, die darüber Aufschluß geben, wann welche Teile in welcher Stückzahl bereitgestellt werden müssen. Es ist denkbar, daß durch ein EDV-Programm nun exakte Angaben berechnet werden, und diese unmittelbar in eine Bestellschreibung bzw. einen Abrufauftrag münden. Ebenfalls denkbar ist, daß der Bedarf zwar exakt ermittelt, Mengen und Termine aber (aus EDV-Sicht) durch den Menschen quasi willkürlich geändert werden. Verändert werden jedoch nur Werte der Ausgangsdaten, nicht deren Typ. Ebenfalls denkbar ist, daß auf jegliche Berechnung eines sogenannten Bestellvorschlages verzichtet wird. In dem Fall werden allein vom Menschen die erforderlichen Ausgabedaten erzeugt. Es wäre allerdings unrealistisch anzunehmen, daß er hierfür keine Eingangsdaten benötigt. Auch er wird sich vor einer Entscheidung über den Inhalt der Ausgabedaten einen Überblick darüber verschaffen, welche Baugruppen auf dem Montageplan stehen. Das bedeutet aber, daß sein Datenbedarf sich prinzipiell nicht von dem Datenbedarf einer EDV-Funktion unterscheidet.

Es kann damit festgehalten werden, daß die Strategie, Aufgaben als Black boxes zu betrachten, zulässig und sinnvoll ist. Damit wird es möglich, bei der Gestaltung der Datenintegration den Datenbedarf der Aufgabe zu berücksichtigen, ohne daß zu diesem Zeitpunkt bereits eine Festlegung auf bestimmte Aufgabenträger bzw. deren Methoden erforderlich ist. Unterschiede zeigen sich erst in der konkreten Systemgestaltung, wenn es darum geht, menschengerechte Arbeitsinhalte, Arbeitsabläufe, Benutzungsoberflächen und Eingriffsmöglichkeiten festzulegen.

Diese konkrete Gestaltung baut dann auf dem bereits bestehenden Gerüst einer EDV-technischen Datenorganisation auf. Entscheidungen darüber, wo welches Datum zu verwalten ist, sind zu diesem Zeitpunkt bereits getroffen.

7.4 Gestaltungsmöglichkeiten

Die Frage nach den Gestaltungsmöglichkeiten bei der Datenintegration beinhaltet die Frage nach der Gestaltung der Datenerfassung, der Datenspeicherung und -verwaltung, des Datentransports sowie der Datendarstellung. Der Datenspeicherung und -verwaltung kommt dabei eine zentrale Bedeutung zu. Eine Gestaltungsmöglichkeit besteht in der Festlegung von Dateien bzw. Relationen mit ihren Inhalten. Auf der

Basis bekannter Aufgaben ist prinzipiell zu entscheiden, nach welchen Such- und Sortierkriterien Daten abgespeichert und wie sie untereinander verknüpft werden sollen.

In diesen Bereich fallen damit alle Aufgaben, die mit dem Begriff Datenbankdesign verbunden werden. Gegenstand eines Datenbankdesigns sind alle Daten, die später einer gemeinsamen Kontrolle unterliegen sollen. Die Ziele der Datenintegration lassen sich aus EDV-technischer Sicht durch eine zentrale Kontrolle aller Daten am leichtesten erreichen. Zentral ausgerichtete Lösungen bergen jedoch auch eine Reihe von Nachteilen.

Nachteile bestehen in der Komplexität und dem damit verbundenen Aufwand für die Systempflege und der Systemverwaltung (Overhead). Alle Systemnutzer sind von der Funktionsfähigkeit und Verfügbarkeit des einen Systems abhängig. Vorkehrungen gegen einen möglichen Systemausfall müssen sich am "kritischsten" Anwendungsfall orientieren. Jeder Ausfall verursacht einen bestimmten "Schaden". Der Aufwand, Ausfälle zu verhindern bzw. in einem zeitliche begrenzten Rahmen zu halten, muß sich an dem zu vermeidenden Schaden orientieren.

Diese Nachteile führen zu einer anderen Gestaltungsmöglichkeit, nämlich der Datenverteilung auf verschiedene Teilsysteme. Der Datenbestand eines Teilsystems unterliegt dort einer zentralen Kontrolle. Durch solch ein Konzept lassen sich wichtige Vorteile im Hinblick auf die Funktionalität des Gesamtsystems erzielen. Hierzu zählen vor allem die höhere Zuverlässigkeit des Gesamtsystems gegenüber Komponentenausfall, die Leistungssteigerung durch Parallelverarbeitung, die bessere Anpaßbarkeit an die betrieblichen Anforderungen und die Akzeptanzsteigerung bei den Benutzern [vgl. hierzu NISSING 1982, SCHNUPP 1981, REUTER 1988]. Während diese Eigenschaften in gleicher Qualität durch entsprechend aufwendige und leistungsstarke zentrale Systeme erzielt werden können, stellen insbesondere die organisatorische Integrierbarkeit und die Anpaßbarkeit die Vorteile dezentraler Systeme dar.

Mit der Einführung und Gestaltung einer EDV-technischen Datenintegration sind Anpassungsprozesse sicherlich unvermeidbar. Hierbei können jedoch unterschiedliche Standpunkte vertreten werden. Die EDV muß sich dem Betrieb anpassen, ist ein solcher Standpunkt. Diese Auffassung ist unter dem Aspekt, daß der EDV-Einsatz kein Selbstzweck sein kann, sicherlich richtig. Dem gegenüber stehen allerdings Meinungen, die genau die entgegengesetzte Position vertreten, also eine Anpassung des Unternehmens an den "EDV-Standard" fordern. Hinter dieser Position ist die

Einstellung zu vermuten, daß nicht alles, was schon seit Jahren organisatorische Praxis ist, auch für die Zukunft die optimale Lösung ist.

Weitere Anpassungsstrategien sind denkbar, wenn man die Umstellung auf eine EDV-Organisation als einen Anpassungsprozeß beider Seiten versteht. Ausgangspunkt eines solchen Anpassungsprozesses ist die Analyse der zur Produktion erforderlichen betrieblichen Aufgaben und Daten nach Art und Umfang. Mit organisatorischer Integrierbarkeit soll der Aspekt berücksichtigt werden, daß die Einführung von EDV-Systemen in der Regel Veränderungen der betrieblichen Strukturen und Abläufe nach sich zieht. Je gravierender diese Veränderungen sind, um so weniger Zeit bleibt den betroffenen Mitarbeitern, sich mit den Veränderungen auseinanderzusetzen und umso mehr ist damit zu rechnen, daß es zu Akzeptanzproblemen kommt.

Dezentrale EDV-Strukturen entsprechen eher der gleichfalls dezentralen Struktur der "sichtbaren" Organisation. Sie lassen sich eher in bestehende Strukturen integrieren und werden daher eher akzeptiert als zentrale. Akzeptanz setzt zudem das Verstehen und Beherrschen des Neuen voraus. Zunehmende Zentralisierung zieht notwendigerweise zunehmende Komplexität nach sich, die nur noch von wenigen Anwendern verstanden wird.

Je besser der Leistungsumfang einer Komponente auf die Aufgabe einer Organisationseinheit abgestimmt ist, umso eher ist es möglich, sie als ein Arbeitsmittel in die betriebliche Organisation zu integrieren. Es ist prinzipiell möglich die fachliche und technische Verantwortung für die Korrektheit und Vollständigkeit der dezentralen Programme und Datenbestände derjenigen organisatorischen Einheit zu übertragen, die das System nutzt.

Die Frage nach der Anpaßbarkeit eines Systems hat in der betrieblichen Praxis eine große Bedeutung. Die Einführung eines EDV-Systems erfolgt zu einem bestimmten Zeitpunkt, zu dem bestimmte Anforderungen an die EDV-Leistung aufgrund einer bestimmten (realen oder angenommenen) Situation gestellt werden. Diese Anforderungen unterliegen Veränderungen. Eine in der Praxis häufig zu beobachtende Veränderung ist das Anwachsen der zu verwaltenden Datenbestände. In dezentralen Systemen können derartige Engpässe lokal behandelt werden. Der Austausch einer unterdimensionierten Komponente ist genauso denkbar wie die Erweiterung des Systems durch die Einführung einer zusätzlichen Komponente.

Während dezentrale Systeme in ihrer organisatorischen Integrierbarkeit und Anpaßbarkeit zentralen Systemen prinzipiell überlegen sind, können weitere Vorzüge, nämlich die höhere Leistungsfähigkeit und die größere Robustheit gegenüber Komponentenausfall, nur unter bestimmten Voraussetzungen erreicht werden. Im folgenden soll auf diese Voraussetzungen kurz eingegangen werden.

Die Leistungsfähigkeit eines EDV-Systems wird maßgeblich dadurch beeinflußt, ob das System eine echte Parallelarbeit bei unterschiedlichen Anwendungsfällen erlaubt. Dies ist bei dezentralen Systemen in der Regel der Fall, da für die verschiedenen Anwendungsgebiete jeweils spezielle Software- und Hardwarekomponenten ausgewählt und eingesetzt werden, die, als stand-alone-Systeme konzipiert, auch im betrieblichen Einsatz weitgehend unabhängig voneinander arbeiten können. Die Parallelität wird erst dann unterbrochen, wenn die Komponenten eine Anwendung gemeinsam abwickeln müssen, d.h. gegenseitig (oder nacheinander) auf das Ergebnis bestimmter Bearbeitungsschritte angewiesen sind.

Mit dem Ausfall einer Komponente stehen deren Dienstleistungen und die von ihr verwalteten Daten nicht mehr zur Verfügung. Ihr Ausfall wird für andere Komponenten erst dann erkennbar, wenn sie bis zum nächsten geplanten Datenaustausch nicht wieder einsatzbereit ist. Je länger solche Zeiten zwischen zwei Kommunikationen ausfallen, umso mehr Zeit ist im Mittel vorhanden, um den Ausfall zu beheben, bevor er für andere wirksam wird. Je unabhängiger (weniger integriert) Komponenten sind, umso weniger stört ihr Ausfall die Funktionsfähigkeit der anderen bzw. umso weniger werden sie in ihrer Funktionsfähigkeit durch den Ausfall anderer gestört. Je intensiver eine Komponente in ein Gesamtsystem eingebunden ist, umso mehr ist ihre Funktionsfähigkeit zu gewährleisten. Neben einem gut funktionierenden Service erfordert dies meist auch Redundanzen in Hard-und Software. Um eine hohe Funktionsfähigkeit eines Systems zu gewährleisten, stehen dem Anwender in zentralen wie in dezentralen Systemen prinzipiell zwei Strategien zur Verfügung:

1. Der Abschluß von Wartungs- und Serviceverträgen, die den Anbieter dazu verpflichten, für die Verfügbarkeit des Systems innerhalb einer vereinbarten Zeit zu sorgen (z. B. innerhalb von 24 Std. betriebsbereit).

2. Die Schaffung von Redundanzen in Hard- und Software, so daß beim Ausfall einer Komponente andere deren Aufgabe übernehmen können.

Redundanzen sind nur dann sinnvoll, wenn sie als "Ersatzteile" eingesetzt werden können. Je weiter die Integration vorangeschritten ist, umso größer werden auch die "Ersatzteile" ausfallen müssen, um eine bestimmte Dienstleistung aufrecht erhalten zu können. Je weniger integriert die "Bauteile" des Systems sind, um so leichter läßt es sich "reparieren" und umso kleiner können die "Ersatzteile" ausfallen.

Die Behauptung, dezentrale Systeme seien robust gegenüber Komponentenausfall trifft also nur dann zu, wenn die Komponenten weitgehend voneinander unabhängig sind. Abhängigkeit bzw. Unabhängigkeit lassen sich über Art, Umfang und Frequenz des erforderlichen Datenaustausches ermitteln. Alle genannten Vorteile dezentraler Systeme kommen offenkundig am besten zur Geltung, wenn sie entgegen gängigen Trends nicht integriert sondern isoliert sind. Eine vollständige Isolation ist jedoch bei der gegebenen Aufgabenstellung nicht erreichbar. Jede Form einer dezentralen EDV-Lösung stellt somit einen Kompromiß dar.

Unabhängig davon, ob der Datenaustausch zwischen den Aufgaben als Verknüpfung von Komponenten durch Datenaustausch, d.h. eine Integration über Daten, oder über die Integration der Daten erfolgt (vgl. Kap. 2.4), ist es aus Sicht des Anwenders von Bedeutung, daß die gewählte Form der Datenintegration gewährleistet, daß zum Zeitpunkt der Durchführung einer Aufgabe mit dem richtigen (d.h. korrekten, aktuellen) Datenbestand gearbeitet werden kann.

Für den betrieblichen Anwender ist es wichtig zu beachten, daß die genannten Vorteile dezentraler EDV-Konzepte nicht automatisch dadurch erzielt werden, daß er sein CIM-System über Komponenten aufbaut. Es ist vielmehr erforderlich, diese erzielbaren Vorteile zum Ziel der Entwicklung eines dezentralen EDV-Konzeptes zu erklären. Dabei sollte nach der Strategie verfahren werden: so zentral wie nötig, so dezentral wie möglich.

8. Entwicklung eines Instrumentariums zur Gestaltung der Datenintegration

Mit dem Instrumentarium soll für eine vorgegebene betriebliche Organisation ein optimal integriertes dezentrales Datenmodell hergeleitet werden, das auf relationalen Strukturen beruht. Es ist damit insbesondere zur optimalen Integration von CIM-Komponenten in ein CIM-System auf der Basis relationaler Datenbanksysteme geeignet. Wie in Kapitel 4 dargestellt, läßt sich die betriebliche Organisation modellhaft als eine strukturierte Menge von Funktionen verstehen, deren Anordnung die betriebliche Struktur und deren Ausführung das betriebliche Geschehen widerspiegelt (Aufgaben-/Funktionsmodell). Das betriebliche Geschehen wird dabei durch die Erzeugung, Änderung und Verarbeitung von Daten abgebildet, die ihrerseits die Zustandsgrößen des Modells darstellen (Datenmodell). Das Funktionsmodell wird hier stets als Verbund von dezentralen Teilsystemen angenommen. Wie in Kapitel 7.4 hergeleitet wurde, gilt das Datenmodell dann als optimal integriert, wenn das gesamte Datenaustauschvolumen des zugehörigen dezentralen Funktionsmodells minimal ist und eine den Anforderungen der Funktionen entsprechende logische Struktur der Menge aller Daten EDV-technisch abgebildet ist.

Ausgangspunkt für den Einsatz des Instrumentariums sind die Ergebnisse einer sorgfältigen Untersuchung der vorhandenen betrieblichen Funktionen und Daten. Im Rahmen dieser Untersuchung muß die logische Zugehörigkeit des konkreten Datenbestandes zu bestimmten Klassen ermittelt werden. "Grundlage der Verarbeitung von Daten ist das Erkennen von Strukturen und von Ordnung, d.h. das Bilden von Datentypen innerhalb des Datenuniversums" [BRENNER 1988, S. 7]. Im folgenden soll daher zur Charakterisierung einer bestimmten Klasse von Daten wie z. B. "Teilenummer" oder "Liefertermin" der Begriff "Datentyp" verwendet werden. Der Begriff "Daten" steht dagegen für konkrete Elemente eines Datentyps. Zum Beispiel existieren in einem Maschinenbauunternehmen nicht selten 20.000 bis 50.000 konkrete Nummern, die alle dem einen Datentyp "Teilenummer" zuzuordnen sind.

Die oben genannte Untersuchung sollte ferner aufzeigen, welche Funktionen aufgrund wichtiger Randbedingungen zu Teilsystemen zusammengefaßt werden sollen oder müssen. Ein Teilsystem bildet eine logisch, unter Umständen auch physikalisch, abgrenzbare Einheit innerhalb des Gesamtsystems [zum Begriff System s. LEHMANN 1980b]. Das Gesamtsystem besteht im hier betrachteten Fall aus der Menge aller betrieblichen Funktionen zur technischen Auftragsabwicklung sowie der dazu benötigten formal erfaßbaren Datentypen. Einzelne Funktionen, die keinem bestimmten Teilsystem zugerechnet werden können, sollen als "organisatorisch nicht gebundene Funktionen" bezeichnet werden. Darauf aufbauend werden zunächst die ermittelten Datentypen sowie alle nicht gebundenen Funktionen auf die gegebenen Teilsysteme verteilt und zwar derart, daß das entstehende Datenaustauschvolumen zwischen den Teilsystemen minimal ist. Die anschließende schrittweise Zusammenfassung der Teilsysteme unter demselben Optimierungsaspekt führt schließlich zu einem Gesamtsystem, das die gewünschte Dezentralisierung bei optimaler Datenintegration aufweist.

8.1 Aufbau des Instrumentariums

Einen Überblick über Aufbau und Ablauf des Instrumentariums gibt Abb. 8-1. Es wurde ein fünfstufiger Aufbau gewählt, der sich in die Phasen Vorbereitung, Analyse, Synthese, Optimierung und Dokumentation gliedert. Bei dem Ablauf ist weiterhin zwischen den beiden Pfaden Verteilung von Datentypen auf Teilsysteme sowie Strukturierung von Datentypen zu Relationen zu unterscheiden, die weitgehend parallel durchlaufen werden. In der ersten, vorbereitenden Phase wird die formale Beschreibung der Funktionen und Datentypen sowie ihrer Abhängigkeiten vorgenommen. Die weiteren Phasen des Gestaltungsprozesses gliedern sich in die beiden vorgestellten Pfade und sollen diesen Pfaden folgend beschrieben werden.

Die Verteilung von Datentypen auf Teilsysteme beginnt mit einer Analyse der modellinternen Beziehungen. Der Verteilungsaufwand ist abhängig von der Anzahl verteilbarer Einheiten, so daß diese daher möglichst gering gehalten werden sollte. Aus diesem Grunde werden die Datentypen zu Beginn solange zu Datengruppen zusammengefaßt, wie dies ohne die Schaffung neuer, ursprünglich nicht vorhandener Beziehungen möglich ist. Anschließend werden die strukturellen Beziehungen zwischen den Funktionen und Datengruppen ermittelt. Da mit dem Verteilen von Datengruppen das Datenaustauschvolumen zwischen Teilsystemen minimiert werden soll, reicht die Kenntnis der strukturellen Beziehungen allein jedoch nicht aus. Hierzu ist vielmehr auch eine Quantifizierung der Beziehungen zwischen den Datengruppen und Funktionen erforderlich. Während der Synthesephase werden die Datengruppen auf die vorgegebenen Teilsysteme und die nicht gebundenen Funktionen verteilt. Die nicht gebundenen Funktionen werden anschließend einzeln den definierten Teilsystemen

Vorbereitung	Formale Darstellung der Beziehungen zwischen Funktionen und Datentypen	
	Verteilung von Daten- typen auf Teilsysteme	Strukturierung von Daten- typen zu Relationen
Analyse	Verteilung der Daten- typen auf Datengruppen Quantifizierung der Be- ziehungen zwischen Funk- tionen und Datengruppen	Klassifizierung der Datentypen in identifi- zierende und nicht identi- fizierende Datentypen
Synthese	Verteilung der Datengrup- pen auf die vorgegebenen steme und die nicht ge- bundenen Funktionen (nach NISSING) Verteilung der nicht ge- bundenen Funktionen auf die Teilsysteme Neuverteilung der Daten- gruppen	Zusammenfassung von Daten- typen zu Basisrelationen Ableitung dezentraler Rela- tionen für die Teilsysteme aus den Basisrelationen
Optimierung	schrittweise Zusammenfas- sung von Teilsystemen Neuverteilung der Datengruppen	Neubildung dezentraler Relationen für die Teilsy- steme
Dokumentation	Beschreibung der endgültigen Teilsysteme	

<u>Abb. 8-1:</u> Aufbau des Instrumentariums

zugewiesen. Nach jeder Zuweisung erfolgt eine erneute Verteilung der Datengruppen, da nur so die Einhaltung des minimalen Datenaustauschvolumens gesichert ist. Durch schrittweise Zusammenfassung der bisher vorliegenden Teilsysteme zu neuen, größeren Teilsystemen können ungünstige oder nicht wünschenswerte Konstellationen optimiert werden. Auch hier erfolgt nach jeder Zusammenfassung eine erneute Verteilung der Datengruppen. Die Optimierung kann beendet werden, sobald eine für die betrieblichen Anforderungen zufriedenstellende Kombination von Teilsystemen erreicht wird.

Die Aufgabenfolge zur Strukturierung der Menge der Datentypen beginnt mit einer Analyse der Datentypen. Hierbei werden alle erfaßten Datentypen einer der beiden Klassen "identifizierende Datentypen" und "nicht identifizierende Datentypen" zugeordnet. Darauf aufbauend wird in der anschließenden Synthese für jeden Datentyp aus der Klasse der nicht identifizierenden Datentypen die Kombination von identifizierenden Datentypen ermittelt, die für die Identifizierung minimal notwendig ist. Alle nicht identifizierenden Datentypen, für die hiernach die gleiche Kombination identifizierender Datentypen vorliegt, werden mit dieser Kombination zusammen zu je einer Basisrelation zusammengefaßt. Aus den Basisrelationen werden dezentrale Relationen für die Teilsysteme abgeleitet. Dabei werden alle nicht identifizierenden Datentypen eines Teilsystems, die in der gleichen Basisrelation vorkommen, zusammengefaßt und um die zugehörige Kombination identifizierender Datentypen ergänzt. Alle dezentralen Relationen stellen damit Teilmengen der Basisrelationen dar. Bei der anschließenden Optimierung werden die dezentralen Relationen wieder neu berechnet, sobald die Zusammenfassung von Teilsystemen stattgefunden hat. Dies wird erforderlich, sofern die Neuverteilung der Datengruppen zu einer Änderung der Verteilung geführt hat. Das Ergebnis der Optimierungsphase besteht in der gewünschten Kombination von Teilsystemen mit einer Datenverteilung, die minimales Datenaustauschvolumen gewährleistet. Dieses Ergebnis wird in einer Beschreibung der Teilsysteme dokumentiert.

8.2 Formale Darstellung von Beziehungen

GROCHLA empfiehlt zur Durchführung "formal-quantitativer Analyseprozesse ... die Darstellung von Gesamtmodellen in Form von Strukturmatrizen. Bei diesen Strukturmatrizen handelt es sich um formalisierte Modelle, bei denen von den inhaltlichen Aspekten der in einem Gesamtmodell enthaltenen Aufgaben und Informationsbeziehungen abstrahiert wird. ... Es können verschiedene formale Merkmale ... ermittelt und explizit sichtbar gemacht werden. ... Es bietet sich die Möglichkeit, die zwischen den Elementen eines Gesamtmodells definierten Abhängigkeiten zu erfassen ... Diese Kenntnis ... kann u.a. im Rahmen der Systementwurfsphase bei der Abgrenzung und Bildung von Aufgabenbereichen im Sinne besonders stark miteinander verknüpfter Aufgabenfelder bzw. Subsysteme ... verwertet werden." [GROCHLA 1974, S. 30].

```
Es sei D := {d_1,...,d_z} die Menge aller Datentypen, die formalisiert
                          erfaßt und verwaltet werden sollen

und    F := {f_1,...,f_n} die Menge aller betrieblichen Funktionen bzw.
                          Aufgaben, die diese Datentypen benötigen und/
                          oder erzeugen. (Die f_i sind keine Funktionen im
                          mathematischen Sinne.)
```

Mit Hilfe zweier Abbildungen q und u lassen sich die strukturellen Beziehungen zwischen D und F nun wie folgt beschreiben:

```
W := {1,0}

q : D X F --> W   mit

              ⎡ 1 falls Elemente des Datentyps d  als Input
q (d ,f ) = ──┤     für die Funktion f  benötigt werden
     s  i     ⎣ 0 sonst                i

u : D X F --> W   mit

              ⎡ 1 falls Elemente des Datentyps d  durch die
u (d ,f ) = ──┤     Funktion f  erzeugt oder geändert werden.
     s  i     ⎣ 0 sonst.      i
```

Mit Hilfe dieser beiden Abbildungen lassen sich, wie in Abb. 8-2 anhand eines Beispiels verdeutlicht wird, die grundlegenden strukturellen Abhängigkeiten zwischen den Funktionen und Datentypen in zwei Matrizen Q und U darstellen.

```
-Input:d ,d ,d ,d ->  ┌─────────────┐  - Output:d ,d ,d  -->
        1  2  4  5     │  Funktion 1 │           1  2  4
                       └─────────────┘

-Input:d ,d ,d ---->   ┌─────────────┐  - Output:d ,d  ----->
        2  3  5        │  Funktion 2 │           3  5
                       └─────────────┘

-Input:d ,d ,d ,d ->  ┌─────────────┐  - Output:d ,d ,d  -->
        5  6  7  8     │  Funktion 3 │           6  7  8
                       └─────────────┘
```

Darstellung von Q:

	f_1	f_2	f_3
d_1	1	0	0
d_2	1	1	0
d_3	0	1	0
d_4	1	0	0
d_5	1	1	1
d_6	0	0	1
d_7	0	0	1
d_8	0	0	1

Darstellung von U:

	f_1	f_2	f_3
d_1	1	0	0
d_2	1	0	0
d_3	0	1	0
d_4	1	0	0
d_5	0	1	0
d_6	0	0	1
d_7	0	0	1
d_8	0	0	1

Abb. 8-2: Darstellung der strukturellen Beziehungen zwischen Funktionen und Datentypen

```
Q := (q(d ,f ))                  z : Anzahl Datentypen
         s  i   s=1(1)z,i=1(1)n

U := (u(d ,f ))                  n : Anzahl Funktionen
         s  i   s=1(1)z,i=1(1)n
```

Strukturelle Beziehungen von einer Funktionen zu einer anderen werden im Rahmen des Modells ausschließlich als Beziehungen über Datentypen betrachtet. Sie ergeben sich aus zwei Beziehungen zwischen je einer Funktion und einem Datentyp und können mit Hilfe der Abbildungen q und u beschrieben werden. Dazu sei b_s definiert als die Beziehung zwischen zwei Funktionen über den Datentyp d_s mit

$$b_s : F \times F \longrightarrow W \quad \text{mit}$$

$$b_s (f_i, f_j) = u (d_s, f_i) \cdot q (d_s, f_j) .$$

Von der Funktion f_i besteht über d_s eine Beziehung zu Funktion f_j, wenn Elemente des Datentyps d_s Output von f_i und Input für f_j sind. Eine Beziehungsmatrix B, die angibt, welche Funktionen über welche Datentypen in Beziehung stehen, läßt sich damit folgendermaßen konstruieren:

$$B := (b_{ij})_{i=1(1)n, j=1(1)n} \quad \text{mit}$$

$$b_{ij} = \sum_{s=1}^{z} b_s(f_i, f_j) \cdot d_s$$

$$B = U^T \cdot \text{diag}(d_s) \cdot Q .$$

Abb. 8-3 zeigt die Beziehung zwischen den Funktionen aus dem Beispiel der Abb. 8-2. Nimmt das Matrixelement b_{ij} den Wert "0" an, so bedeutet das, daß von Funktion f_i zur Funktion f_j im Sinne des Modells keine Beziehung besteht.

$$
U^T \times \text{diag}(d_1, \ldots, d_8) \times Q
$$

$$
\begin{pmatrix} 1 & 1 & 0 & 1 & 0 & 0 & 0 & 0 \\ 0 & 0 & 1 & 0 & 1 & 0 & 0 & 0 \\ 0 & 0 & 0 & 0 & 0 & 1 & 1 & 1 \end{pmatrix}
\times
\begin{pmatrix} d_1 & 0 & 0 & 0 & 0 & 0 & 0 & 0 \\ 0 & d_2 & 0 & 0 & 0 & 0 & 0 & 0 \\ 0 & 0 & d_3 & 0 & 0 & 0 & 0 & 0 \\ 0 & 0 & 0 & d_4 & 0 & 0 & 0 & 0 \\ 0 & 0 & 0 & 0 & d_5 & 0 & 0 & 0 \\ 0 & 0 & 0 & 0 & 0 & d_6 & 0 & 0 \\ 0 & 0 & 0 & 0 & 0 & 0 & d_7 & 0 \\ 0 & 0 & 0 & 0 & 0 & 0 & 0 & d_8 \end{pmatrix}
\times
\begin{pmatrix} 1 & 0 & 0 \\ 1 & 1 & 0 \\ 0 & 1 & 0 \\ 1 & 0 & 0 \\ 1 & 1 & 1 \\ 0 & 0 & 1 \\ 0 & 0 & 1 \\ 0 & 0 & 1 \end{pmatrix}
$$

Darstellung von B	f1	f2	f3
f1	$d_1 + d_2 + d_4$	d_2	0
f2	d_5	$d_3 + d_5$	d_5
f3	0	0	$d_6 + d_7 + d_8$

Abb. 8-3: Darstellung der strukturellen Beziehungen zwischen Funktionen

8.3 Verteilung von Datentypen auf Teilsysteme

8.3.1 Zusammenfassung von Datentypen zu Datengruppen

Vor einer Verteilung von Datentypen auf Teilsysteme ist es nun zweckmäßig, Datentypen zunächst zu größeren Einheiten zusammenzufassen, wie es auch NISSING

[1982, S. 61] vorschlägt. Hierdurch kann die Anzahl der durchzuführenden Verteilungsschritte stark verringert werden. Dies soll nun durch eine geeignete Zerlegung der Menge aller Datentypen in disjunkte Teilmengen, sogenannte "Datengruppen", erfolgen. Korrekterweise müßte hier anstelle von Datengruppen von Datentypengruppen gesprochen werden. Da eine Verwechselung mit ähnlichen Begriffen auszuschließen ist, kann aus Gründen der sprachlichen Vereinfachung jedoch von Datengruppen gesprochen werden. Konkrete Vertreter einer Datengruppe, z. B. ein bestimmter Plan-Fertigungstermin mit einer bestimmten Plan-Fertigungsmenge werden als Element der Datengruppe bezeichnet.

Die Datengruppenbildung unterliegt der Bedingung, daß durch sie keine Beziehungen zwischen zwei Funktionen entstehen können, die nicht bereits zuvor bestanden haben. Es ist daher eine Zerlegung

$$P(D) := \{DG_1, \ldots, DG_v\} \qquad v : \text{Anzahl Datengruppen}$$

gesucht, so daß Funktionen q^* und u^* existieren derart daß:

$$q^* : P(D) \times F \longrightarrow W$$
$$q^* (DG_t, f_i) = 1 \Longleftrightarrow q (d_s, f_i) = 1 \quad \text{für alle } d_s \in DG_t \text{ und alle } 1 \leq t \leq v$$
$$u^* : P(D) \times F \longrightarrow W$$
$$u^* (DG_t, f_i) = 1 \Longleftrightarrow u (d_s, f_i) = 1 \quad \text{für alle } d_s \in DG_t \text{ und alle } 1 \leq t \leq v.$$

Diese Bedingung ist dann erfüllt, wenn die Zerlegung gewählt wird, die man nach dem folgenden Verfahren konstruiert:

$$DM_i := \{d_s \mid q (d_s, f_i) + u (d_s, f_i) \geq 1\}$$

bezeichne die Menge aller von der Funktion f_i angesprochenen Datentypen. Dann sind mit

$$DG_i := DM_i \setminus \bigcup_{k \neq i} DM_k$$

die Datengruppen bestimmt, die jeweils von nur einer Funktion angesprochen werden. Mit

$$VD_1 := D \setminus \bigcup_i DG_i$$

können alle Datentypen ermittelt werden, die von mindestens 2 Funktionen angesprochen werden. Über diese werden Funktionen miteinander verknüpft. Mit

$$DG_{i,j} = DM_i \cap DM_j \setminus \bigcup_{k \neq i,j} DM_k$$

werden jeweils die Datentypen zu einer Datengruppe zusammengefaßt, die von genau 2 Funktionen angesprochen werden.

$$VD_2 := VD_1 \setminus \bigcup_{i,j} DG_{i,j}$$

enthält damit alle Datentypen, die mindestens von 3 Funktionen benötigt werden. Das Verfahren wird solange fortgesetzt, bis

$$VD_k = \phi \qquad k \leq n-1.$$

Abb. 8-4 zeigt, welche Datengruppen sich ergeben, wenn das Erzeugungsverfahren auf das Beispiel aus Abb. 8-2 bzw. 8-3 angewendet wird.

$$
\begin{aligned}
DM_1 &= \{d_1, d_2, d_4, d_5\} \\
DM_2 &= \{d_2, d_3, d_5\} \\
DM_3 &= \{d_5, d_6, d_7, d_8\} \\[6pt]
DG_1 &= DM_1 \setminus DM_2 \cup DM_3 = \{d_1, d_4\} \\
DG_2 &= DM_2 \setminus DM_1 \cup DM_3 = \{d_3\} \\
DG_3 &= DM_3 \setminus DM_1 \cup DM_2 = \{d_6, d_7, d_8\} \\[6pt]
DG_{1,2} &= DM_1 \cap DM_2 \setminus DM_3 = \{d_2\} \\
DG_{1,3} &= DM_1 \cap DM_3 \setminus DM_2 = \phi \\
DG_{2,3} &= DM_2 \cap DM_3 \setminus DM_1 = \phi \\[6pt]
DG_{1,2,3} &= DM_1 \cap DM_2 \cap DM_3 = \{d_5\} \\[6pt]
P(D) &:= \{DG_1, DG_2, DG_3, DG_{1,2}, DG_{1,2,3}\} \\
&= \{\{d_1, d_4\}, \{d_3\}, \{d_6, d_7, d_8\}, \{d_2\}, \{d_5\}\}
\end{aligned}
$$

Abb. 8-4: Anwendungsbeispiel für die Datengruppenbildung

Mit Hilfe der beiden Abbildungen q^* und u^* lassen sich, wie in Abb. 8-5 anhand des Beispiels verdeutlicht wird, die grundlegenden strukturellen Abhängigkeiten zwischen den Funktionen und Datengruppen in zwei Matrizen Q^* und U^* darstellen. Ebenso lassen sich auch die Beziehungen zwischen den Funktionen darstellen. Dazu sei b_t^* definiert als die Beziehung von einer Funktion zu einer anderen über die Datengruppe DG_t

$$
\begin{aligned}
b_t^* &: F \times F \longrightarrow W \quad \text{mit} \\
b_t^*(f_i, f_j) &= u^*(DG_t, f_i) \cdot q^*(DG_t, f_j).
\end{aligned}
$$

-Input: $DG_1, DG_{1,2}, DG_{1,2,3}$ -> | Funktion 1 | -Output: $DG_1, DG_{1,2}$ --->

-Input: $DG_2, DG_{1,2}, DG_{1,2,3}$ -> | Funktion 2 | -Output: $DG_2, DG_{1,2,3}$ ->

-Input: $DG_3, DG_{1,2,3}$ ------> | Funktion 3 | -Output: DG_3 -------->

Darstellung von Q^*

	f_1	f_2	f_3
DG_1	1	0	0
DG_2	0	1	0
DG_3	0	0	1
$DG_{1,2}$	1	1	0
$DG_{1,2,3}$	1	1	1

Darstellung von U^*

	f_1	f_2	f_3
DG_1	1	0	0
DG_2	0	1	0
DG_3	0	0	1
$DG_{1,2}$	1	0	0
$DG_{1,2,3}$	0	1	0

Abb. 8-5: Darstellung der strukturellen Beziehungen zwischen Funktionen und Datengruppen

Abb. 8-6 zeigt das Ergebnis am Beispiel. Während in diesem Beispiel bei einer Verteilung von Datentypen insgesamt 8 Verteilungsschritte durchgeführt werden müßten, sind nach der Zusammenfassung zu Datengruppen nur noch 5 Verteilungsschritte erforderlich.

$$U^{*T} \times \text{diag}(DG_1, \ldots, DG_{1,2,3}) \times Q^*$$

$$\begin{bmatrix} 1 & 0 & 0 & 1 & 0 \\ 0 & 1 & 0 & 0 & 1 \\ 0 & 0 & 1 & 0 & 0 \end{bmatrix} \times \begin{bmatrix} DG_1 & 0 & 0 & 0 & 0 \\ 0 & DG_2 & 0 & 0 & 0 \\ 0 & 0 & DG_3 & 0 & 0 \\ 0 & 0 & 0 & DG_{1,2} & 0 \\ 0 & 0 & 0 & 0 & DG_{1,2,3} \end{bmatrix} \times \begin{bmatrix} 1 & 0 & 0 \\ 0 & 1 & 0 \\ 0 & 0 & 1 \\ 1 & 1 & 0 \\ 1 & 1 & 1 \end{bmatrix}$$

Darstellung von B^* =

	f1	f2	f3
f1	$DG_1 + DG_{1,2}$	$DG_{1,2}$	0
f2	$DG_{1,2,3}$	$DG_2 + DG_{1,2,3}$	$DG_{1,2,3}$
f3	0	0	DG_3

Abb. 8-6: Darstellung der strukturellen Beziehungen zwischen Funktionen

8.3.2 Beziehungen zwischen Datengruppen und Funktionen

Das gesamte Datenaustauschvolumen in einem dezentralen System besteht einerseits aus einem Queryvolumen, das dadurch entsteht, daß eine Funktion Daten anfragt, und andererseits aus einem Updatevolumen, das dadurch entsteht, daß durch eine Funktionsausführung Daten entstehen bzw. bestehende Daten geändert werden. Befinden sich benötigte Datengruppen auf demselben Teilsystem, auf dem sich auch die anfragende Funktion befindet, zählt das Queryvolumen dieser Funktion nicht zum Datenaustauschvolumen. Die Zuteilung einer Datengruppe zu einem Teilsystem, dessen Funktionen diese Datengruppe als Input benötigt, verringert somit das Datenaustauschvolumen. Werden Elemente derselben Datengruppen jedoch durch Funktionen anderer Teilsysteme erzeugt oder geändert, gehört deren Updatevolumen zum Datenaustauschvolumen. Jede Zuteilung kann also das Datenaustauschvolumen erhöhen, indem das Updatevolumen aus anderen Teilsystemen diese Datengruppe erreichen muß.

Die Zuteilung einer Datengruppe zu einem Teilsystem erfolgt immer dann, wenn das Queryvolumen der darauf implementierten Funktionen zu dieser Datengruppe größer oder gleich der Summe der Updatevolumina aller anderen Funktionen der anderen Teilsysteme zu dieser Datengruppe ist. Damit läßt sich nun die allgemeine Zuteilungsregel wie folgt festlegen:

$$\sum_{1 \neq k} \sum_{f_i \varepsilon TS_1} \tilde{u}\,(DG_t, f_i) - \sum_{f_j \varepsilon TS_k} \tilde{q}\,(DG_t, f_j) \leq 0 \qquad \Longrightarrow \qquad DG_t \;\varepsilon\; ZD\,(TS_k)\,.$$

$\tilde{u}\,(DG_t, f_i)$: ist das durchschnittliche Datenvolumen, das pro Periode von f_i zur Datengruppe DG_t erzeugt wird und das an f_i verschickt werden muß, wenn die Datengruppe DG_t auf dem selben System verfügbar ist, auf dem sich auch f_j befindet.

$\tilde{q}\,(DG_t, f_j)$: ist das durchschnittliche Datenvolumen, das die Funktion f_j pro Periode per Datentransfer anfordern muß, wenn die Datengruppe DG_t nicht auf dem selben System verfügbar ist.

$ZD\,(TS_k)$: ist die Menge der dem Teilsystem TS_k zugewiesenen Datengruppen.

Trifft diese Ungleichung für mehr als ein System zu, entsteht bezüglich dieser Datengruppe Redundanz. Sollte kein System gefunden werden, dessen Queryvolumen an eine Datengruppe DG_t größer ist als die Summe aller Updatevolumina der übrigen, d.h. für alle Systeme gilt:

$$\sum_{1 \neq k} \sum_{f_i \varepsilon TS_1} \tilde{u}\,(DG_t, f_i) - \sum_{f_j \varepsilon TS_k} \tilde{q}\,(DG_t, f_j) > 0,$$

erfolgt die Zuteilung der Datengruppe DG_t genau einmal zu dem Teilsystem, bei dem die Differenz aus eigenem Queryvolumen zur Summe aller fremden Updatevolumina minimal ist, d.h. die Zuteilung zu TS_k erfolgt dann, wenn für alle $m \neq k$, m = 1(1)Anzahl Teilsysteme

$$\sum_{1 \neq m} \sum_{f_i \varepsilon TS_1} \tilde{u}\,(DG_t, f_i) - \sum_{f_j \varepsilon TS_m} \tilde{q}\,(DG_t, f_j) \geq \sum_{1 \neq k} \sum_{f_m \varepsilon TS_1} \tilde{u}\,(DG_t, f_m) - \sum_{f_n \varepsilon TS_k} \tilde{q}\,(DG_t, f_n)\,.$$

Dieser Sachverhalt entspricht der Logik, die auch von NISSING angewendet wurde. Zur Durchführung der Verteilung ist es jetzt noch erforderlich, eine Formel zur Berechnung von $q(DG,f_j)$ und $\tilde{u}(DG,f_j)$ zu bestimmen. Die Herleitung soll im folgenden anhand zweier Teilsysteme mit je einer Funktion und einer zu verteilenden Datengruppe erläutert werden (vgl. Abb. 8-7).

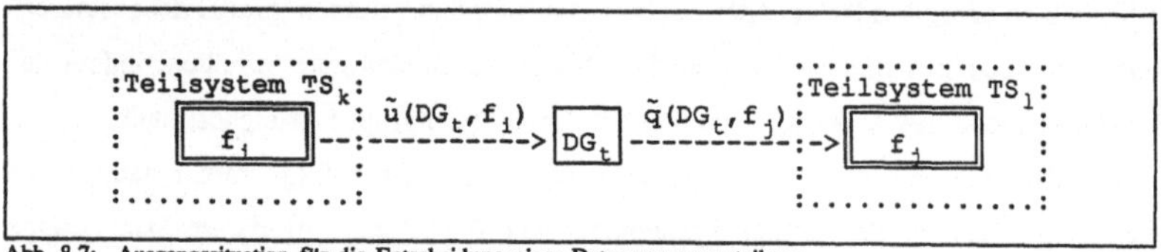

Abb. 8-7: Ausgangssituation für die Entscheidung einer Datengruppenverteilung

Liegt die Verwaltung von DG_t ausschließlich bei dem Teilsystem, auf dem sich auch f_i befindet, besteht für den Datenaustausch eine Holschuld. Jedesmal wenn f_j ausgeführt wird, muß das Datum vom anderen Teilsystem beschafft werden (vgl. Abb. 8-8).

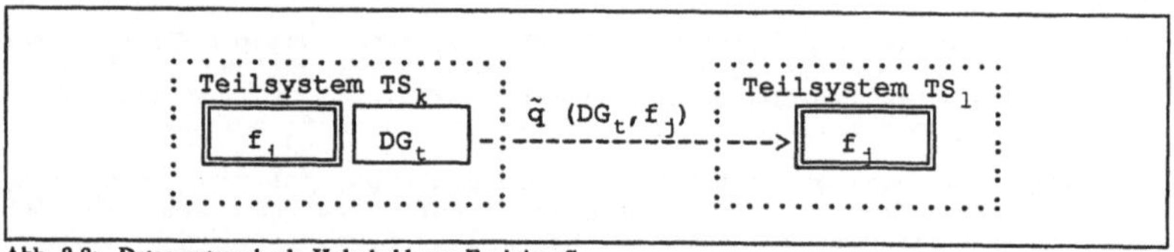

Abb. 8-8: Datenaustausch als Holschuld von Funktion fj

Liegt die Verwaltung von DG_t ausschließlich oder zusätzlich bei dem Teilsystem, auf dem sich auch f_j befindet, besteht für den Datenaustausch eine Bringschuld. Jedesmal wenn f_i aktiv ist, muß das andere System, auf dem sich f_j befindet, über die Änderung der Datengruppe benachrichtigt werden (vgl. Abb. 8-9).

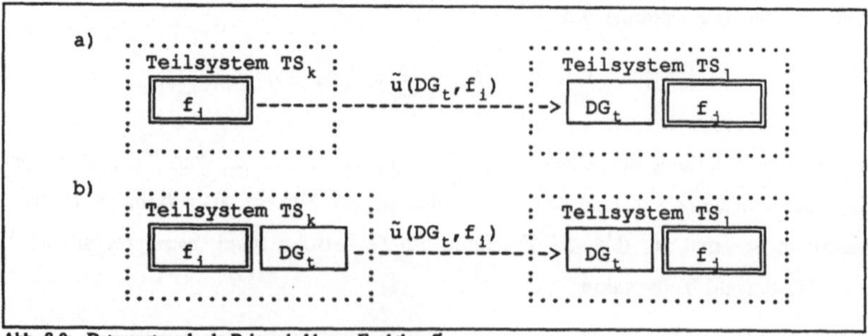

Abb. 8-9: Datenaustausch als Bringschuld von Funktion fi

Die Werte von $\tilde{q}(DG,f_j)$ und $\tilde{u}(DG,f_i)$ hängen damit von der Häufigkeit der Funktionsausführung ab. Dazu bezeichnen:

h_i, h_j: die Häufigkeit der Ausführung der Funktionen f_j und f_i pro Periode (z. B. Stunde, Tag oder Schicht).

Für die Bestimmung des Datenaustauschvolumens muß neben der Häufigkeit der Funktionsausführung noch ein weiterer Faktor berücksichtigt werden. Dieser Faktor resultiert aus dem Inhalt der Funktion und besagt, wieviele Elemente der Datengruppe im Durchschnitt pro Funktionsausführung benötigt werden. So wird z. B. mit der Funktion "Kundenauftragserfassung" neben anderen Daten nur genau ein Element vom Datentyp "Kundenauftragsnummer" erzeugt. Mit der Funktion "Auftragsbestand abfragen" werden dagegen immer gleich mehrere Elemente vom Datentyp "Arbeitsinhalt" abgefragt. Es müssen deshalb neben den unterschiedlichen Häufigkeiten der Funktionsausführungen auch deren unterschiedliche Anforderungen hinsichtlich der Anzahl von Elementen einer Datengruppe in die Berechnung eingehen. Dazu bezeichnen:

$|q^*(DG_t, f_j)|$: die durchschnittliche Anzahl von Elementen der Datengruppe DG_t, die bei einmaliger Ausführung der Funktion f_j als Input benötigt werden und

$|u^*(DG_t, f_i)|$: die durchschnittliche Anzahl von Elementen der Datengruppe DG_t, die bei einmaliger Ausführung der Funktion f_i als Output erzeugt werden.

Zuletzt bleibt noch zu berücksichtigen, daß die Datengruppen selbst unterschiedlich groß sind. Als letzter Faktor ist damit die Größe der Datengruppe zu berücksichtigen, die z. B. in Anzahl Zeichen gemessen werden kann.

$|DG_t|$: Größe der Datengruppe DG_t

Damit können jetzt das Queryvolumen $\tilde{q}(DG_t, f_i)$ und das Updatevolumen $\tilde{u}(DG_t, f_i)$ einer Funktion über:

$$\tilde{q}(DG_t, f_j) := h_j \cdot |q^*(DG_t, f_j)| \cdot |DG_t|$$
$$\tilde{u}(DG_t, f_i) := h_i \cdot |u^*(DG_t, f_i)| \cdot |DG_t|$$

berechnet werden.

8.3.3 Erweiterung auf Teilsysteme

Mit einer Definition von Teilsystemen ist es nun möglich, vor einer Datengruppenverteilung bestimmte Funktionen zusammenzufassen, die aus Sicht des Anwenders als
logisch untrennbare Einheiten behandelt werden sollen. Es wäre zum Beispiel denkbar, daß für alle Funktionen einer Abteilung ein eigenes Teilsystem definiert wird. So
bezeichne

$$P(F) \; := \; \{TS_1, \; \ldots \; , TS_m\} \qquad m : \text{Anzahl Teilsysteme}$$

die Menge aller möglichen Teilsysteme. Für die Verteilung der Datengruppen ist es
dann erforderlich, die Beziehungen der Teilsysteme zu betrachten, die sich aus der
Summe der zum Teilsystem gehörigen Funktionen ergeben. Dazu bezeichne

$$\hat{u} \; (DG_t, TS_1) \; := \; \sum_{f_j \varepsilon TS_1} \tilde{u} \; (DG_t, f_j)$$

das durchschnittliche Updatevolumen, das pro Periode vom Teilsystem TS_l an TS_k
verschickt werden muß, wenn $DG_t \; \varepsilon \; ZD \; (TS_k)$ und

$$\hat{q} \; (DG_t, TS_k) \; := \; \sum_{f_i \varepsilon TS_k} \tilde{q} \; (DG_t, f_i)$$

das durchschnittliche Datenvolumen, das das Teilsystem TS_l pro Periode per Datentransfer anfordern muß, wenn $DG_t \; \notin \; ZD \; (TS_l)$. Damit läßt sich die Zuteilungsregel
wie folgt beschreiben:

$$\sum_{l \neq k} \hat{u} \; (DG_t, TS_1) \; - \; \hat{q} \; (DG_t, TS_k) \; \leq \; 0 \qquad ==> \qquad DG_t \; \varepsilon \; ZD \; (TS_k) \, .$$

Falls nach dieser Regel keine Zuteilung erfolgt ist, d.h. für alle Teilsysteme gilt:

$$\sum_{l \neq k} \hat{u} \; (DG_t, TS_1) \; - \; \hat{q} \; (DG_t, TS_k) \; > \; 0 \, ,$$

so erfolgt die Zuteilung zu dem Teilsystem, bei dem die Differenz aus eigenem Query
zu fremdem Update minimal ist:

$$\sum_{l \neq m} \hat{u} \; (DG_t, TS_1) \; - \; \hat{q} \; (DG_t, TS_h) \; \geq \; \sum_{l \neq k} \hat{u} \; (DG_t, TS_1) \; - \; \hat{q} \; (DG_t, TS_k)$$

$$==> \; DG_t \; \varepsilon \; ZD \, (TS_k) \, .$$

Damit kann nun ein Vorschlag für ein dezentrales EDV-System ermittelt werden, bei dem jeder organisatorischen Einheit genau ein Teilsystem zugedacht ist.

8.3.4 Zusammenfassung von Teilsystemen

In der betrieblichen Praxis kann sich das Problem stellen, daß einige Funktionen zunächst keinem Teilssystem direkt zugeordnet werden sollen oder können. Sei es, daß diese Funktionen zukünftig neu wahrgenommen werden sollen, sei es, daß die bisherige Zuordnung einer bestimmten Funktion zu einer bestimmten organisatorischen Einheit als unzweckmäßig eingestuft wird, und sie deshalb ggf. auf eine andere verlagert werden soll. Diese Funktionen sollen als organisatorisch nicht gebundene Funktionen bezeichnet werden und unter dem Aspekt der Minimierung des erforderlichen Datenaustauschvolumens einem der definierten Teilsysteme zugeordnet werden. Dazu muß festgestellt werden, durch welche Zusammenfassung das größte Datenaustauschvolumen eingespart werden kann.

Auch wenn alle organisatorisch nicht gebundenen Funktionen bereits definierten Teilsystemen zugewiesen wurden, kann der Fall eintreten, daß der vorliegende Vorschlag für ein dezentrales System nicht günstig erscheint. Es ist zum Beispiel denkbar, daß es aus wirtschaftlichen Gründen nicht vertretbar ist, tatsächlich alle organisatorischen Einheiten mit einem eigenen Teilsystem zu versorgen, weil manche nur selten auf EDV-Unterstützung zurückgreifen. Zum anderen kann es sein, daß zwischen zwei oder mehreren organisatorischen Einheiten derart intensive Beziehungen bestehen, daß es zweckmäßig erscheint, die entsprechenden Dienstleistungen von einem gemeinsamen sehr leistungsfähigen System zu fordern. Um für solche Fälle dem betrieblichen Anwender Alternativen aufzeigen zu können, werden nun weitere Zusammenfassungen der definierten Teilsysteme vorgenommen und die Konsequenzen auf das Datenaustauschvolumen aufgezeigt.

Für die Aufstellung der Zusammenfassungsregeln ist es nicht erforderlich, zwischen den Fällen Zusammenfassung einer organisatorisch nicht gebundenen Funktion mit einem Teilsystem und einer Zusammenfassung zweier Teilsysteme zu unterscheiden. Im folgenden werden daher nur Regeln für die Zusammenfassung von Teilsystemen angegeben, die für die Zusammenfassung einzelner Funktionen mit Teilsystemen ebenfalls gelten. Lediglich für die Anwendung der Regeln ist später eine Unterscheidung zwischen Teilsystemen und organisatorisch nicht gebundenen Funktionen erforderlich.

Durch die Zusammenfassung von Teilsystemen zu größeren Teilsystemen können Einsparungen verschiedener Art erzielt werden. Direkte Einsparungsmöglichkeiten bestehen, wenn zwischen Teilsystemen direkte Query- und Updatevolumina bestehen. Für solche Teilsysteme ergibt sich die Summe direkter Einsparungen aus 4 Teilsummen:

$$dein_{k,1} = uvol\,(TS_k, TS_1) + qvol\,(TS_1, TS_k)$$
$$+ uvol\,(TS_1, TS_k) + qvol\,(TS_k, TS_1)$$

$$dein_{k,1} = dein_{1,k}$$

$$uvol\,(TS_k, TS_1) : \text{bezeichnet das Updatevolumen von } TS_k \text{ an } TS_1$$

$$qvol\,(TS_1, TS_k) : \text{bezeichnet das Queryvolumen von } TS_1 \text{ an } TS_k.$$

Zur Berechnung von uvol und qvol sei die Funktion

$$b_t^{**} : P(F) \times P(F) \longrightarrow W \quad \text{mit}$$
$$b_t^{**}\,(TS_k, TS_1) := u^{**}\,(DG_t, TS_k) \cdot q^{**}\,(DG_t, TS_1)$$

definiert, wobei gilt:

$$q^{**} : P(D) \times P(F) \longrightarrow W$$
$$q^{**}\,(DG_t, TS_k) := \min\,(1, \sum_{f_i \varepsilon TS_k} q^*\,(DG_t, f_i))$$
$$u^{**} : P(D) \times P(F) \longrightarrow W$$
$$u^{**}\,(DG_t, TS_k) := \min\,(1, \sum_{f_i \varepsilon TS_k} u^*\,(DG_t, f_i)),$$

sowie die Funktion

$$zd : P(D) \times P(F) \longrightarrow W \quad \text{mit}$$
$$zd\,(DG_t, TS_k) = \begin{cases} 1 & \text{wenn } DG_t \; \varepsilon \; ZD(TS_k). \\ 0 & \text{sonst} \end{cases}$$

Damit lassen sich uvol und qvol folgendermaßen berechnen:

$$uvol\,(TS_k, TS_1) = \sum_t b_t^{**}\,(TS_k, TS_1) \cdot zd(DG_t, TS_1) \cdot \hat{u}(DG_t, TS_k),$$

d.h. Updatevolumen von TS_k an TS_1 besteht dann, wenn TS_1 Datengruppen zugeteilt wurden, zu denen TS_k Updates liefert (vgl. hierzu auch Abb. 8-9) und:

$$qvol(TS_1, TS_k) = \sum_t b_t^{**}\,(TS_k, TS_1) \cdot (1 - zd(DG_t, TS_1))$$
$$\cdot zd(DG_t, TS_k) \cdot \hat{q}(DG_t, TS_1),$$

d.h. Queryvolumen von TS_l an TS_k besteht dann, wenn Funktionen von TS_l Datengruppen benötigen, die dem Teilsystem TS_l nicht zugeteilt wurden, über die aber TS_k verfügt (vgl. hierzu auch Abb. 8-9).

Durch eine Zusammenfassung zweier Teilsysteme lassen sich auch indirekte Einsparungen erzielen. Solche Einsparungen entstehen durch Redundanzverminderung. Sie treten auf, wenn TS_k und TS_l über gleiche Datengruppen verfügen, zu denen andere Teilsysteme Updates liefern. Sie lassen sich nach der Formel:

$$\mathrm{redv}_{k,l} = \sum_{t} \mathrm{zd}(DG_t, TS_k) \cdot \mathrm{zd}(DG_t, TS_l) \cdot \sum_{h \neq k,l} \hat{u}(DG_t, TS_h)$$

berechnen. Eine Zusammenfassung zweier Teilsysteme TS_k und TS_l zu einem neuen Teilsystem TS_{kl} erfolgt genau dann, wenn die Summe direkter und indirekter Einsparungen maximal ist, d.h. wenn:

$$\mathrm{dein}_{k,l} + \mathrm{redv}_{k,l} > \mathrm{dein}_{k,h} + \mathrm{redv}_{k,h} \quad \text{für alle } h \neq l \quad \text{und}$$
$$\mathrm{dein}_{k,l} + \mathrm{redv}_{k,l} > \mathrm{dein}_{h,l} + \mathrm{redv}_{h,l} \quad \text{für alle } h \neq k.$$

Da jedoch nicht davon ausgegangen werden kann, daß bei der Berechnung aller Einsparungsmöglichkeiten immer ein eindeutiges Maximum gefunden werden kann, ist es erforderlich, weitere Kriterien für eine Zusammenfassung festzulegen. Bei nicht eindeutigem Maximum soll der Austausch von Updates tendenziell als die schlechtere Lösung eingestuft werden, da die zur Durchführung von Updates erforderlichen Protokolle beim Einsatz eines verteilten Datenbanksystems in der Regel mehr Datenaustauschvolumen erzeugen als Queries. Die genaue Angabe des Aufwandes ist jedoch nur zu einer konkreten Implementierung möglich. Es wird daher untersucht, bei welcher Zusammenfassung sich die größte Redundanzverminderung ergibt. Die Zusammenfassung zweier Teilsysteme TS_k und TS_l zu einem neuen Teilsystem TS_{kl} erfolgt dann wenn:

$$\mathrm{redv}_{k,l} > \mathrm{redv}_{h,l} \quad \text{und}$$
$$\mathrm{redv}_{k,l} > \mathrm{redv}_{k,h}.$$

Sollte auch jetzt keine eindeutige Lösung angeboten werden können, so wird als nächstes die Zusammenfassung gesucht, bei der sich die größte gegenseitige Update-einsparung ergibt. Die Zusammenfassung zweier Teilsysteme TS_k und TS_l zu einem neuen Teilsystem TS_{kl} erfolgt dann wenn:

$$\text{uvol}\,(TS_k, TS_l) + \text{uvol}\,(TS_l, TS_k) > \text{uvol}\,(TS_k, TS_h) + \text{uvol}\,(TS_l, TS_h) \quad \text{und}$$

$$\text{uvol}\,(TS_k, TS_l) + \text{uvol}\,(TS_l, TS_k) > \text{uvol}\,(TS_h, TS_l) + \text{uvol}\,(TS_h, TS_l)\,.$$

Liegt auch jetzt noch kein eindeutiges Ergebnis vor, so wird als letztes Kriterium der sogenannte Grad der Selbständigkeit bestimmt, indem die internen mit den externen Beziehungen verglichen werden, und eine Zusammenfassung derjenigen Teilsysteme erfolgt, bei denen der Quotient aus der Summe der internen Beziehungen und der Summe der externen Beziehungen maximal ist. Der Summe der internen Beziehungen wird dabei der Teil des Datenaustauschvolumens zugeordnet, der sich aus den gegenseitigen Query- und Updatevolumina ergibt. Der Summe der externen Beziehungen wird das Datenaustauschvolumen zugerechnet, das als Query- und Updatevolumen auch nach einer Zusammenfassung weiterhin zu anderen Systemen bzw. Funktionen bestehen bleibt.

$$gs_{k,l} = \frac{dein_{k,l}}{\sum\limits_{h} (dein_{k,h} + dein_{h,l})}$$

Jede Zusammenfassung von Teilsystemen erfordert eine Überprüfung der Datengruppenverteilung. Es ist denkbar, daß das Queryvolumen eines neu gebildeten Teilsystems größer ist als das Updatevolumen aller anderen Teilsysteme, obwohl dies für keines der ursprünglichen Teilsysteme galt. Die Überprüfung kann dadurch erfolgen, daß die Verteilung für alle Datengruppen erneut vorgenommen wird.

8.3.5 Berechnung des Datenaustauschvolumens

Das gesamte Datenaustauschvolumen (DAV) kann anhand der ermittelten Einsparungen durch eine Zusammenfassung zweier Teilsysteme ermittelt werden. Hieraus können Anforderungen an die Auslegung der Kommunikationsmittel abgeleitet werden. Dabei ist folgendes zu beachten: sobald in einem dezentralen System redundante Datenbestände vorliegen, kann sich das gesamte Datenaustauschvolumen unterschiedlich auf je zwei Teilsysteme verteilen. Lediglich das zu verschickende Updatevolumen liegt fest, da es zwingend erforderlich ist, alle redundanten Daten aktuell zu halten. Das Queryvolumen kann zwischen zwei Teilsystemen wirksam werden, von denen das eine genau die Datengruppen verwaltet, die das andere benötigt. Damit ist das gesamte Datenaustauschvolumen geringer als die Summe der möglichen direkten Einsparungen zwischen zwei Teilsystemen, d.h.:

$$\text{DAV} < \sum_{k \neq l} \text{dein}_{k,l}.$$

Zur Berechnung des gesamten Datenaustauschvolumen ist zum einen das Update- zum anderen das Queryvolumen zu ermitteln. Das Updatevolumen eines Teilsystems TS_k an eine bestimmte Datengruppe DG_t muß an alle Teilsysteme verschickt werden, die die Datengruppe DG_t verwalten.

$$\hat{u}\ (DG_t, TS_k) \cdot \sum_{l \neq k} zd\ (DG_t, TS_l).$$

Das Queryvolumen des Teilsystems TS_k führt zu einem Datenaustausch, wenn es eine benötigte Datengruppe DG_t nicht verwaltet.

$$\hat{q}\ (DG_t, TS_k) \cdot (1 - zd\ (DG_t, TS_l)).$$

Diese Anteile müssen über alle Teilsysteme und alle Datengruppen aufsummiert werden. Damit ergibt sich das gesamte Datenaustauschvolumen wie folgt:

$$\text{DAV} = \sum_k \sum_t \ (\hat{u}(DG_t, TS_k) \cdot \sum_{l \neq k} zd(DG_t, TS_l) + \hat{q}(DG_t, TS_k) \cdot (1 - zd(DG_t, TS_l)))$$

8.4 Strukturierung von Datentypen zu Relationen

8.4.1 Klassifizierung von Datentypen

Obwohl es theoretisch möglich ist, alle für die betrieblichen Funktionen benötigten Daten in nur einer Relation abzulegen, ist es aufgrund ihrer Vielzahl für eine effiziente Funktionsausführung erforderlich, sie auf mehrere Relationen aufzuteilen. Nur so lassen sich im Rahmen der verschiedenen Anwendungen akzeptable Antwortzeiten realisieren. "Das Problem des Data Design, d.h. der Aufstellung von Relationen,... ist ein größeres Entwurfsproblem." [SCHLAGETER/STUCKY 1983, S. 198]. Die Anwendung der CODD'schen Regeln zur "Normalisierung" der Relationen bieten für ein Datenbankdesign eine große Hilfe. Für ihre Anwendung ist es erforderlich die Semantik der Daten zu verstehen. Dabei ist es wichtig zu wissen, "daß die Normalformen nicht eindeutig sind, sondern daß aus mehreren Alternativen eine möglichst optimale auszuwählen ist. ... die Optimalität muß sich auf die Effizienz des Gesamtsystems unter Berücksichtigung des Benutzerverhaltens beziehen." [SCHLAGETER/STUCKY 1983, S. 198]. Es ist daher sinnvoll, anhand formaler Kriterien Hinweise für eine mögliche Strukturierung zu ermitteln, bei der Anforderungen des Gesamtsystems berücksichtigt werden können. Nach einer Strukturierung repräsentiert jede Relation dann eine Gruppe abstrakter oder realer Objekte oder Beziehungen mit ihren Eigenschaften.

Die Eigenschaften eines bestimmten Objekts oder einer bestimmten Beziehung können abgefragt werden, wenn sie innerhalb ihrer Relation eindeutig identifiziert werden können. Zur Identifizierung eines Objektes oder einer Beziehung dienen spezielle Datentypen, die als identifizierende Attribute einer Relation bezeichnet werden. Jede Relation enthält ein oder mehrere identifizierende Attribut(e). Ob ein bestimmter Datentyp ein identifizierendes Attribut ist oder nicht, hängt damit immer von der Relation ab, in der er sich befindet. Dies mag zunächst verwundern, wenn man an Datentypen wie z. B. Kostenstellennummer oder Auftragsnummer denkt, die üblicherweise nur zur Identifizierung bestimmter Objekte eingeführt werden. Andererseits ist es einsichtig, daß eine bestimmte Kostenstellen- oder Auftragsnummer bei einem Zusammenschluß zweier Unternehmen A und B ihren identifizierenden Charakter verlieren könnte. Würden z. B. die Datenbestände der Kundenaufträge beider Unternehmen zusammengelegt, so müßten sehr wahrscheinlich die bisherigen identifizierenden Attribute der Relation "Aufträge" um ein weiteres ergänzt werden, nämlich um ein Attribut "Nummernschlüssel". Mit dem Attribut Nummernschlüssel erfolgt der Hinweis, ob es sich um einen Auftrag an Unternehmen A oder B handelt. Ähnliche Fälle können auch innerhalb eines Unternehmens auftreten. Denkt man an ein Unternehmen, daß eine stark kundenorientierte Produktion hat, so ist es u.U. zweckmäßig, spezielle Kundenbetreuer zu beschäftigen, die ihrerseits eine eigene Verwaltung ihres Auftragsbestandes führen. Innerhalb dieses Auftragsbestandes vergeben sie Auftragsnummern. Jede Auftragsnummer ist damit identifizierend, vorausgesetzt es ist bekannt, zu welchem Kunden die Auftragsnummer gehört. Eine den Kundenbetreuern übergeordnete Stelle müßte daher zur Identifizierung eines bestimmten Auftrages immer zwei identifizierende Attribute benutzen, nämlich Kundennummer und Auftragsnummer.

Für einen Entwurf von Relationen anhand formaler Kriterien, ist es wichtig zu wissen, welche Datentypen sich überhaupt für eine Identifizierung eignen, d.h mit welchen Datentypen innerhalb eines definierten Umfeldes bestimmte Objekte oder Beziehungen eindeutig identifiziert werden können. Zur Menge der identifizierenden

Datentypen sollen alle diejenigen zählen, die zur Identifizierung bestimmter realer oder abstrakter Objekte innerhalb eines bestimmten Gültigkeitsbereichs benutzt werden bzw. zu diesem Zweck eingeführt wurden. Hierzu gehören z. B. Teilenummern, Auftragsnummern und Kostenstellennummern. Alle anderen Datentypen werden der Gruppe der nicht identifizierenden Datentypen zugerechnet. Zu den nicht identifizierenden Datentypen gehören z. B. Bezeichnungen, Mengen und Termine. Die Menge aller Datentypen läßt sich dann über die Angabe zweier disjunkter Teilmengen beschreiben, und zwar

```
D   = DID U DNI       mit

DID := {d_s| d_s ist identifizierender Datentyp}

DNI := {d_t| d_t ist nicht identifizierender Datentyp}

DID ∩ DNI = φ.
```

Eine allgemeine Klassifizierung von Datentypen in identifizierende und nicht identifizierende besagt damit nicht, für welche Relation sie identifizierende Attribute sind. Die Einteilung sagt lediglich aus, ob innerhalb eines bestimmten Arbeitsablaufs ein Datentyp zur Identifizierung anderer Datentypen benutzt wird.

8.4.2 Zusammenfassung der Datentypen zu Basis-Relationen

Ziel der Bildung von Basis-Relationen ist es, Vorschläge für die Strukturierung der Menge der Datentypen herzuleiten, aus denen später für die Teilsysteme dezentrale Relationen abgeleitet werden können. Wertvolle Hinweise für eine solche Strukturierung lassen sich über die Analyse der Beziehungen zwischen Datentypen und Funktionen gewinnen. Jede Basis-Relationen soll später alle nicht identifizierenden Datentypen vereinen, die über die gleiche Kombination identifizierender Datentypen angesprochen werden können. Dies entspricht der Suche nach der jeweils minimal identifizierenden Attributkombination für alle nicht identifizierenden Datentypen einer Relation, wie sie von CODD mit der Normalisierung gefordert wird.

Über die Analyse der Beziehungen von Funktionen zu Datentypen werden die Zugriffspfade zu allen nicht identifizierenden Datentypen implizit erfaßt. Mit DM_i wurde im Kapitel 8.2 die Menge aller von einer Funktion angesprochenen Datentypen bezeichnet. Diese Menge soll nun in die Menge der identifizierenden und der nicht identifizierenden Datentypen unterteilt werden.

$$DM_i = ID_i U NI_i \quad mit$$

$$ID_i := \{d_s \varepsilon DM_i \mid d_s \ \varepsilon \ DID\}$$

$$NI_i := \{d_t \varepsilon DM_i \mid d_t \ \varepsilon \ DNI\}$$

$$ID_i \cap NI_i = \phi.$$

Ist die Analyse der Funktionen vollständig und korrekt erfolgt, so ist davon auszugehen, daß die zur Identifizierung von $d_t \ \varepsilon \ NI_i$ notwendigen Datentypen eine Teilmenge aus ID_i darstellen. Dies gilt für die Analyseergebnisse aller Funktionen gleichermaßen. Jede Funktion, die einen bestimmten nicht identifizierenden Datentyp benötigt, muß ihn identifizieren. Hieraus folgt, daß die minimal identifizierende Kombination von Datentypen in der Schnittmenge der identifizierenden Mengen aller Funktionen liegen muß, die zu diesem nicht identifizierenden Datentyp eine Beziehung unterhält, d.h.

$$\bigcap_{i:d_t \varepsilon DM_i} ID_i \quad \text{enthält alle identifizierenden Datentypen zu } d_t.$$

Mit Hilfe einer formalen Analyse läßt sich damit zu jedem nicht identifizierenden Datentyp eine Menge identifizierender Datentypen ermitteln, die sehr wahrscheinlich bereits die minimal identifizierende Menge von identifizierenden Datentypen darstellt. Eine Überprüfung der Ergebnisse ist nur unter Berücksichtigung der Bedeutung jedes einzelnen Datentyps möglich.

```
D    := {d_1,d_2,d_3,d_4,d_5,d_6,d_7,d_8}  mit

DID  := {d_1,d_5,d_8}
DNI  := {d_2,d_3,d_4,d_6,d_7}              dann ist

ID_1 = {d_1,d_5}          NI_1 = {d_2,d_4}
ID_2 = {d_5}              NI_2 = {d_2,d_3}
ID_3 = {d_5,d_8}          NI_3 = {d_6,d_7}

Gesucht sind die identifizierenden Datentypen für d_2,d_3,d_4,d_6,d_7

d_2 : ID_1 ∩ ID_2 = {d_5}
d_3 : ID_2         = {d_5}
d_4 : ID_1         = {d_1,d_5}
d_6 : ID_3         = {d_5,d_8}
d_7 : ID_3         = {d_5,d_8}
```

<u>Abb. 8-10</u>: Beispiel für die Erzeugung von Basisrelationen

Für das Beispiel aus Abb. 8-2 soll angenommen werden, daß d_1, d_5 und d_8 zur Menge der identifizierenden Datentypen gehören. Abb. 8-10 zeigt zu allen nicht identifizierenden Datentypen die ermittelten identifizierenden Datentypen. Mit der Überprüfung der analytischen Ergebnisse kann gleichzeitig eine Überprüfung der Definition der Funktionen erfolgen. Sofern zu einem nicht identifizierenden Datentyp kein identifizierender Datentyp gefunden wurde, deutet das auf fehlende Datentypen bei der Input-/Output-Festlegung der Funktionen hin.

Alle nicht identifizierenden Datentypen, für die die gleiche Kombination identifizierender Datentypen ermittelt wurden, werden nun mit diesen identifizierenden Datentypen zu einer sogenannten Basis-Relation zusammengefaßt. Jede Basisrelation ist eine Teilmenge der Menge D, die sowohl identifizierende als auch nicht identifizierende Datentypen enthält. Datentypen einer Relation heißen Attribute. Es bezeichne

$$\texttt{Bas-Rel (D)} := \{\texttt{BR}_1, \ldots, \texttt{BR}_p\}$$

die Menge aller Basis-Relationen zu einer Menge D von Datentypen. Dann lassen sich die Basisrelationen formal wie folgt beschreiben:

```
BR_m := IBR_m U NBR_m

IBR_m ist Teilmenge von DID

NBR_m ist Teilmenge von NID
Dabei gilt für alle d_t ε DNI:
d_t ∉ BR_m ∩ BR_n      für 1 ≤ m,n ≤ p,   m ≠ n,
```

d.h. jeder nicht identifizierende Datentyp ist ein Attribut genau einer Basisrelation. Jeder identifizierende Datentyp kann identifizierendes Attribut mehrerer Basisrelationen sein. Befinden sich bestimmte identifizierende Datentypen in mehreren Relationen,

$$d_s \; \varepsilon \; BR_m \cap BR_n, \; m \neq n$$

sind diese beiden Relationen über d_s verknüpfbar. Zwischen den Objekten, die die Relationen BR_m und BR_n repräsentieren, besteht eine Beziehung. Abb. 8-11 zeigt die Anwendung des Verfahrens auf das Beispiel aus Abb. 8-10. Hier können alle Relationen über den Datentyp d_5 verknüpft werden.

8.4.3 Bildung dezentraler Relationen

Zur Strukturierung dezentraler Relationen ist das Ergebnis der Datenverteilung heranzuziehen. Aus diesem geht hervor, welche Datentypen den einzelnen Teilsystemen zugewiesen werden sollen. Aus der Menge der als Datengruppen jeweils zugewiese-

Identifizierenden Datentypen für d_2, d_3, d_4, d_6, d_7 sind:

d_2: $\{d_5\}$ d_3: $\{d_5\}$ d_4: $\{d_1, d_5\}$ d_6: $\{d_5, d_8\}$ d_7: $\{d_5, d_8\}$

Hieraus ergeben sich folgende Basis-Relationen

$\underline{d_5}$	d_2	d_3		$\underline{d_1}$	$\underline{d_5}$	d_4		$\underline{d_5}$	$\underline{d_8}$	d_6	d_7

Abb. 8-11: Beispiel für die Bildung dezentraler Relationen

nen Datentypen und den ermittelten Basisrelationen sollen nun die dezentralen Relationen abgeleitet werden. Mit

$$ZD\ (TS_k) = \{DG_{k1}, \ldots, DG_{kr}\} \qquad \text{mit}$$
$$DG_{km} \cap DG_{kn} = \phi$$

wurde in Kapitel 8.3 die Menge aller Datengruppen bezeichnet, die dem Teilsystem TS_k zugewiesen wurden. Mit

$$ZDT\ (TS_k) = \bigcup_m DG_{km} = \{d_{k1}, \ldots, d_{kv}\}$$

wird die Menge aller Datentypen des Teilsystems TS_k bezeichnet. Zu jeder Basisrelation können für jedes Teilsystem dezentrale Relationen abgeleitet werden. Dazu bezeichne

$DR_m\ (TS_k)$:   die zur Basisrelation BR_m gehörige dezentrale Relation und

$NDR_m\ (TS_k) := ZDT(TS_k) \cap NBR_m$ alle nicht identifizierenden Datentypen einer dezentralen Relation.

Für alle $NDR_m\ (TS_k) \neq \phi$ werden die dezentrale Relationen wie folgt gebildet:

$$DR_m\ (TS_k) = IBR_m \cup (ZDT\ (TS_k) \cap NBR_m).$$

Jede dezentrale Relation ist damit Teilmenge genau einer Basisrelation. Durch die Übernahme der vollen Kombination identifizierender Attribute der Basisrelation ist gewährleistet, daß alle vorab ermittelten identifizierenden Datentypen eines nicht identifizierenden Datentyps in den dezentralen Relationen ebenfalls vorhanden sind. Abb. 8-12 zeigt, wie die dezentralen Relationen zu einer gegebenen Datentypenverteilung abgeleitet werden (vgl. Beispiel aus Abb. 8-3).

$$\begin{aligned}
&f_1 \in TS_1 \quad \text{mit} \quad ZD(TS_1) = \{DG_1, DG_{1,2}\} = \{d_1, d_2, d_4\} \\
&f_2 \in TS_2 \quad \text{mit} \quad ZD(TS_2) = \{DG_2, DG_{1,2,3}\} = \{d_3, d_5\} \\
&f_3 \in TS_3 \quad \text{mit} \quad ZD(TS_1) = \{DG_3, DG_{1,2,3}\} = \{d_6, d_7, d_8, d_5\}
\end{aligned}$$

$DR_1(TS_1):$			$DR_2(TS_1):$		$DR_1(TS_2):$		$DR_1(TS_3):$			
$\underline{d_1}$	$\underline{d_5}$	d_4	$\underline{d_5}$	d_2	$\underline{d_5}$	d_3	$\underline{d_5}$	$\underline{d_8}$	d_6	d_7

<u>Abb. 8-12</u>: Beispiel für die Bildung dezentraler Relationen

8.5 Ergebnisse der Anwendung des Instrumentariums

Aus der Anwendung des Instrumentariums stehen für die Gestaltung der Datenintegration nun folgende Ergebnisse zur Verfügung.

- Zu jedem Teilsystem steht fest, welche Datentypen dort verwaltet werden sollen, wenn das Ziel verfolgt wird, das Datenaustauschvolumen des gesamten Systems zu minimieren.

- Zu jedem Teilsystem steht fest, welche anderen Teilsysteme es über die Änderung von Daten eines bestimmten Datentyps benachrichtigen muß und in welchem Umfang hierzu Nachrichten anfallen.

- Für jedes Teilsystem steht fest, in welchem Umfang es Daten von anderen Teilsystemen anfordern muß und an welche Teilsysteme solche Anforderungen gestellt werden können, da diese die benötigten Daten verwalten.

- Für die Verwaltung der dezentralen Datenbestände liegen Vorschläge zur Bildung dezentraler Relationen vor.

Aus dieser Beschreibung der einzelnen Teilsysteme läßt sich durch eine Gegenüberstellung der anfangs durchgeführten Funktionsanalyse feststellen, welche Funktionen eines Teilsystems unabhängig von anderen Teilsystemen abgewickelt werden können. Für die anderen Funktionen kann festgestellt werden, von welchen anderen Teilsystemen sie abhängig sind.

8.6 Zur Anwendung des Instrumentariums

Die Qualität der Ergebnisse, die aus der Anwendung des Instrumentariums resultieren, werden zum einen durch den Feinheitsgrad, mit dem die einzelnen Funktionen beschrieben werden, zum anderen durch die Genauigkeit der Quantifizierung des jeweiligen Datenbedarfs bestimmt.

Eine Beschränkung auf einen bestimmten Feinheitsgrad in der Definition von Funktionen und Datentypen wird durch das Instrumentarium nicht auferlegt. Das bedeutet, daß die Definition einer Funktion im Sinne des Instrumentariums real ein ganzes Bündel von Funktionen darstellen kann. Das bedeutet ebenso, daß die Definition eines Datentyps im Sinne des Instrumentariums real ein ganzes Bündel von Datentypen umfassen kann. Hierdurch wird es prinzipiell möglich, ein Gesamtmodell zu entwerfen, in dem alle Funktionen berücksichtigt werden, ohne sie insgesamt mit dem gleichen Detaillierungsgrad beschreiben zu müssen. Dies entspricht der Anforderung an ein Instrumentarium zur Gestaltung der Datenintegration, wie sie sich aus der betrieblichen Praxis ableiten läßt. EDV-Konzepte und deren Realisierung entwickeln sich meist über Jahre hinweg. Schrittweise erfolgt eine detaillierte Planung einzelner Funktionsbereiche, wobei angestrebt wird, die dafür vorgesehenen CIM-Komponenten in ein Gesamtkonzept einbinden zu können. Die Anforderungen des EDV-technischen Umfeldes sind jedoch häufig nicht in der gleichen Detaillierung bestimmbar. Wichtig ist jedoch, daß in jeder Phase der Anwendung des Instrumentariums bei der Festlegung von Funktionen und Datentypen keine Funktion in einer anderen enthalten ist und daß kein Datentyp Subtyp eines anderen Datentyps ist.

Mit Hilfe des Instrumentariums ist es möglich, die Entwicklung eines EDV-Konzepts zu dokumentieren und zu bewerten, da es für alle Stufen der Realisierung einsetzbar ist. Die Anwendung des Verfahrens unterstützt in hohem Maße eine Systementwicklung nach dem Prinzip des "dualen Entwurfs", bei dem "die Organisation und Logik der einzelnen Arbeitsinhalte einer manuellen Abwicklung mit denen der automatisierten Einrichtung austauschbar (kompatibel) ist, ohne daß das Gesamtsystem umstrukturiert werden muß [OCHTERBECK 1988, S. 27].

Bei der Quantifizierung zeigen sich in der Praxis häufig Probleme. Selten auszuführende Funktionen, wie etwa die Lohnabrechnung, müssen mit häufig auszuführenden Funktionen, wie etwa eine Lagerzugangsbuchung, einem einheitlichen Zeit-Raster unterworfen werden. Während es im ersten Fall durchaus sinnvoll erscheint, als Periodendauer "ein Monat" zu wählen, würde das bei der Quantifizierung des Datenbedarfs einer Lagerzugangsbuchung schnell zu recht hohen Zahlenwerten führen, die schwer handhabbar sind und zudem wenig Anschauung vermitteln. Bedenkt man darüber hinaus, daß für eine anforderungsgerechte Gestaltung eines dezentralen EDV-Konzeptes insbesondere der kurzfristige schnelle Datenaustausch zu berücksichtigen ist, so sollte als Periode, auf die das Datenaustauschvolumen bezogen werden soll, ein möglichst kleines Zeitraster gewählt werden. Hiermit kann am ehesten das sogenannte

Tagesgeschäft Berücksichtigung finden. Bei der Quantifizierung sollte berücksichtigt werden, daß sich bestehende Häufigkeiten einer Funktionsausführung mit einer EDV-Unterstützung ändern werden. Das Abfragen bestimmter Daten, das bei einer konventionellen Datenverarbeitung nur selten erfolgt, weil die Daten nur mit viel Aufwand zu beschaffen sind, werden unter Umständen sehr viel häufiger durchgeführt, wenn es dazu nur eines "Knopfdruckes" bedarf. Soll das berechnete Datenaustauschvolumen zur späteren Auslegung der Kommunikationsmittel herangezogen werden, ist die Abschätzung zukünftiger Entwicklungen des Datenaustauschvolumens sehr sorgfältig durchzuführen. Eine hinreichend genaue Quantifizierung des Datenaustauschvolumens kann sicherlich auch für wenig detailliert beschriebene Funktionen möglich sein. Probleme zeigen sich jedoch bei der Bildung von Relationen. Aus Funktionen, die selber eine Vielzahl von Einzelfunktionen umfassen, lassen sich die Zugriffspfade zu den verschiedenen Datentypen nur schwer herausfiltern. Das Instrumentarium kann in einem solchen Fall für die Bildung von Relationen nur recht grobe Anhaltspunkte liefern.

Insgesamt ist zu beachten, daß die Anwendung des Instrumentariums eine Anwendung formaler und damit EDV-technisch abbildbarer Operationen bedeutet. Durch die formalen Operationen können die umfangreichen Arbeiten, die mit einem Datenbankdesign normalerweise verbunden sind, erheblich reduziert werden. Für die konkrete Entwicklung dezentraler Datenbanken bleibt es jedoch unerläßlich, die Ergebnisse auf Konsistenz zu prüfen, indem das Zusammenspiel aller Teilsysteme unter Berücksichtigung realer betrieblicher Abläufe simuliert wird. Diese Überprüfung kann jedoch nur mit Kenntnis der Bedeutung jedes einzelnen Datentyps und jeder einzelnen Funktion durchgeführt werden.

9. Realisierung des Instrumentariums

Im folgenden wird die programmtechnische Realisierung des Instrumentariums durch das Programmpaket OTS (Optimierung von Teil-Systemen) beschrieben. Hierzu werden die erforderlichen Eingaben und erzeugten Ausgaben erläutert.

Die Programme wurden auf einem PC (IBM AT-03 unter MS/DOS) und auf der EDV-Anlage des FIR (Siemens 7.536 unter BS 2000) entwickelt und erprobt. Die Programmierung erfolgte teils mit dem Datenbankprogramm dBase III, teils in der Progammiersprache FORTRAN 77.

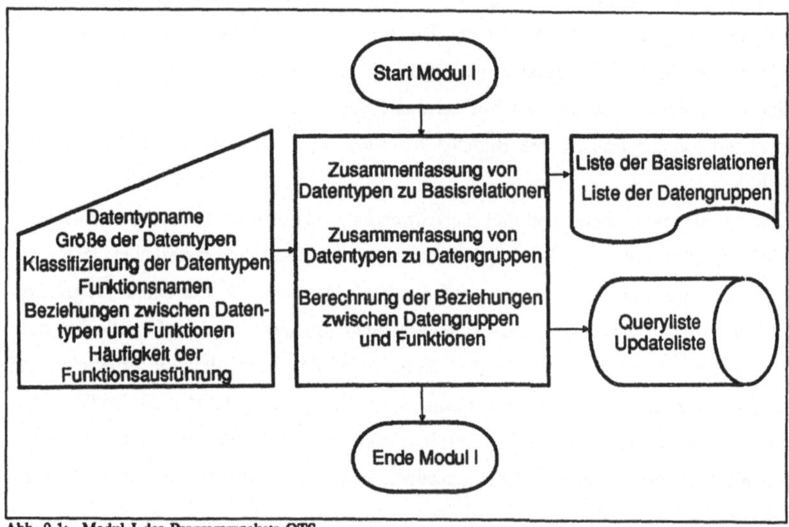

<u>Abb. 9-1</u>: Modul I des Programmpakets OTS

Das Programmpaket OTS setzt sich aus zwei Modulen (I und II) zusammen. Mit Modul I (vgl. Abb. 9-1) werden zunächst alle für das Modell erforderlichen Angaben zu den Funktionen und Datentypen erfaßt. Nach dem anschließenden Zusammenfassen von Datentypen zu Datengruppen werden die Beziehungen zwischen den Funktionen und Datengruppen ermittelt und quantifiziert. Diese werden als Übergabedaten für den Modul II bereitgestellt. Abschließend erfolgt die Bildung von Basisrelationen.

In Modul II (vgl. Abb. 9-2) erfolgt die Verteilung der Datengruppen auf Funktionen und Teilsysteme sowie die schrittweise Zusammenfasung von Funktionen und Teilsystemen zu größeren Teilsystemen bis hin zum zentralen System. Nach jedem

Zusammenfassungsschritt erfolgt eine erneute Berechnung der Datengruppenverteilung und des entstandenen Datenaustauschvolumens.

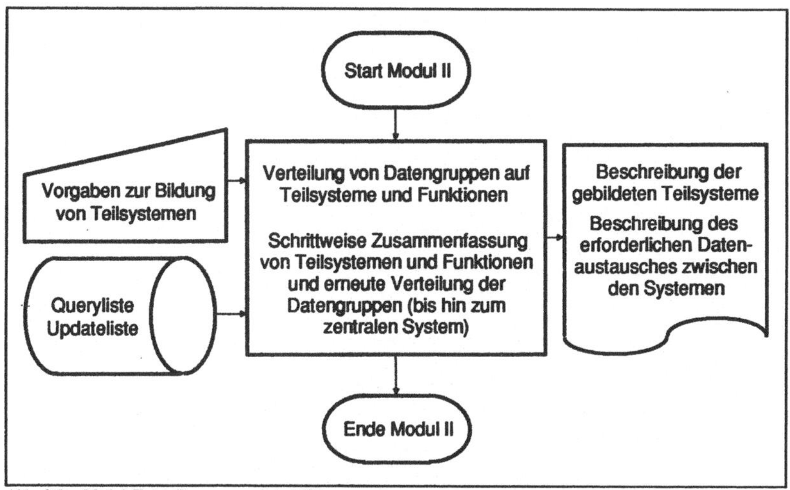

Abb. 9-2: Modul II des Programmpakets OTS

9.1 Modul I des Programmpakets OTS

Modul I umfaßt acht Programmschritte, die sequentiell abgearbeitet werden. Im Verlauf der Bearbeitung werden eine Reihe von Dateien zur Speicherung und Verwaltung von Zwischenergebnissen angelegt. Diese können zur Analyse des Programmablaufs sowohl über den Bildschirm als auch über den Drucker ausgegeben werden.

Zwei Dateien (Funktion und Datentyp) nehmen die Funktionen mit Angaben zur Ausführungshäufigkeit sowie die Datentypen mit Angaben zu ihrer Klasse (identifizierend, nicht identifizierend) und ihrer Größe auf (vgl. Abb. 9-3).

Die Beziehungen zwischen den Funktionen und Datentypen werden erfaßt, indem zu jeder Funktion eine Datei mit der Identifikation Name (F-NR) angelegt wird. In dieser wird festgehalten, zu welchen Datentypen Query- und/oder Updatebeziehungen bestehen. Anschließend wird eine Maske zur Erfassung der jeweils benötigten Anzahl von Datengruppen-Elementen (Q-Umfang, U-Umfang) angeboten. Nach Dateneingabe werden die Werte für den Query- und Update-Aufwand berechnet (vgl. Abb. 9-4). Die Ergebnisse für den Query- und Update-Aufwand werden in je einer ASCII-Datei (U-Transfer, Q-Transfer) für die Übergabe an Modul II bereitgestellt.

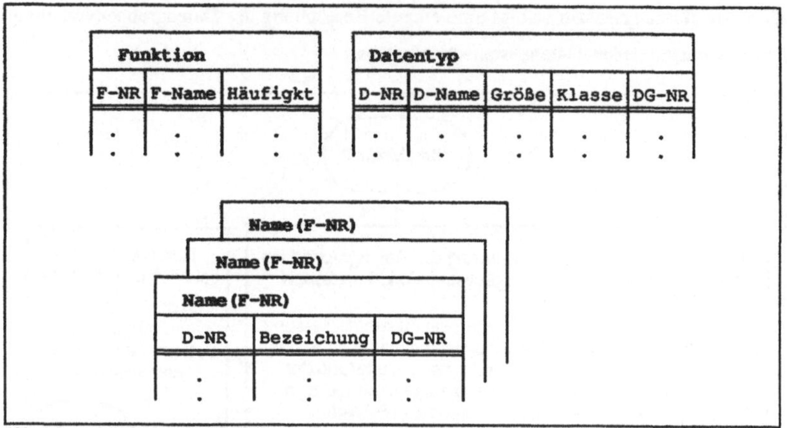

Abb. 9-3: Arbeitsdateien von Modul I

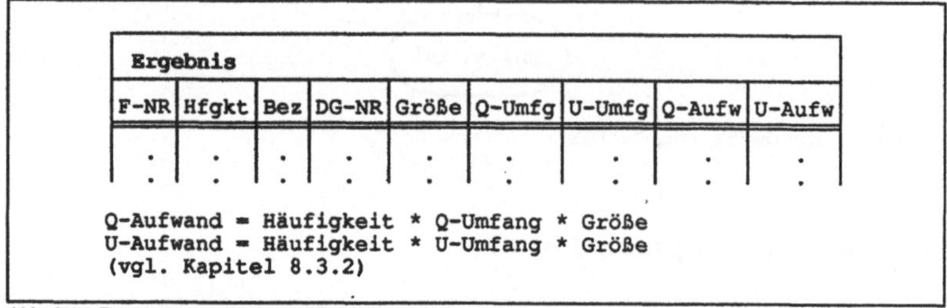

Abb. 9-4: Berechnungsergebnis von Modul II

Im letzten Programmschritt erfolgt die Berechnung und Ausgabe der Basisrelationen. Hierbei werden die Angaben zur Klassifizierung der Datentypen sowie die Beziehungen zwischen Funktionen und Datentypen (vgl. Abb. 9-3) verwendet.

9.2 Modul II des Programmpakets OTS

Modul II ist in drei Programmabschnitte gegliedert (vgl. Abb. 9-5). Der erste Abschnitt übernimmt die Dialogsteuerung. Im zweiten Abschnitt sind die Routinen enthalten, die zur Aufbereitung der eingelesenen Daten benötigt werden. Im dritten Abschnitt werden alle Berechnungen und Ausgaben durchgeführt.

Nach dem Start von Modul II werden zunächst die Steueranweisungen im Dialog erfaßt. Für den Benutzer besteht hier die Möglichkeit, den Programmablauf und den Umfang der Dokumentation von Zwischenergebnissen zu beeinflussen. Z. B. ist es möglich festzulegen, ob die Dokumentation aller Zwischenergebnisse erfolgen soll. Die

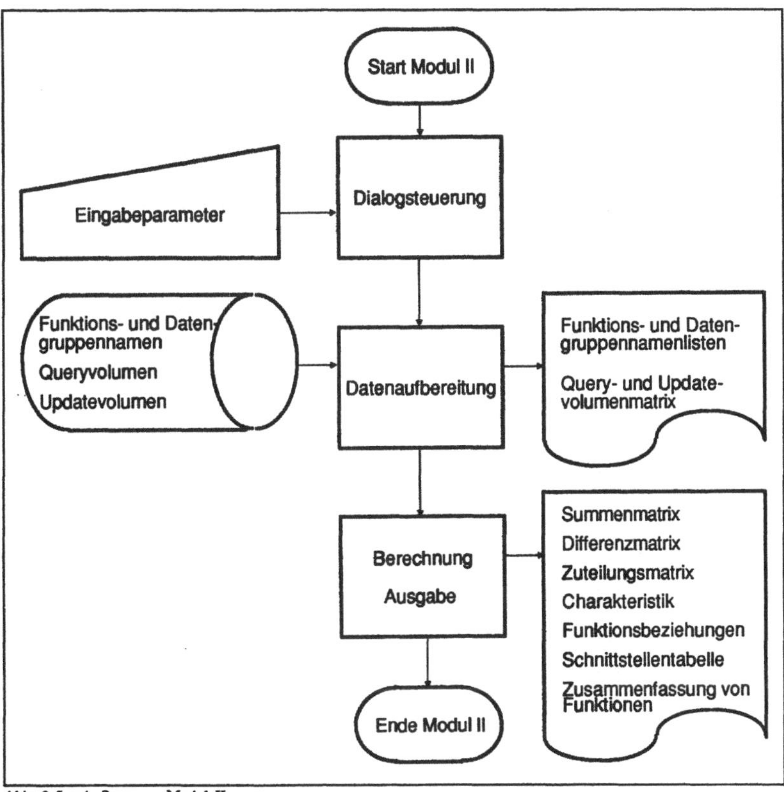

Abb. 9-5: Aufbau von Modul II

Query- und Updatelisten sowie die Funktions- und Datengruppennamenlisten werden in den Übergabedateien bereitgestellt. Mit der Beendigung der Dialogeingabe werden nun diese Listen eingelesen. Sofern vom Benutzer die Auswahl bestimmter Funktionen gewünscht wurde, werden diese extrahiert und separat abgespeichert. Wird keine Auswahl getroffen, werden die transferierten Query- und Updatelisten komplett ausgewertet. Zunächst werden die relevanten Query- und Updatematrizen aufbereitet. Diese sind so aufgebaut, daß die Funktionen spaltenweise und die Datengruppen zeilenweise aufgeführt sind. Anschließend werden Summen- und Differenzmatrizen berechnet. Sie enthalten Zwischenergebnisse zur Durchführung der Zuteilung. Das Ergebnis der Zuteilung ist Inhalt der Zuteilungsmatrix.

Die Zuteilungsmatrix enthält drei verschiedene Symbole (*, = und +). Jedes Symbol an der Stelle (i,j) zeigt an, daß die Datengruppe DG_j dem Teilsystem TS_i zu-

```
ZUTEILUNGSMATRIX:
*******************

                 I   1   2   3   4   5   6   7   8   9  10  11  12  13  14
--------------------------------------------------------------------------
KUNDEN     1 I   *   *   *   *   *   *   *       *       *
RECHLIE    2 I   *                   *                   *
REKLAMA    3 I                       *
HINWEIS    4 I                       *
KOMISSN    5 I   *   *   *   *   *   *   *   *   *       *   *
BESTSOR    6 I   *   *   *   *   *               *           *
BESTROP    7 I   *   *   *       *               *           *
BESTVEP    8 I   *   *       *   *               *           *
BESTFLG    9 I       *
BESTRLL   10 I       *       *               *
BESTABL   11 I   *   *       *                           *
BESTABL   12 I       *       *
ZUGEMGL   13 I       *       *
BESTDAT   14 I   *       *
AUFTREI   15 I   *
ABLIEFT   16 I       *                               *
VERSAUF   17 I                                       *
AUFTRST   18 I       *                               *
KA-NRST   19 I   *
ETIKTEX   20 I                           *
ANF-NRX   21 I       *   *   *   *   *   *   *       *               *
REZEPVO   22 I           *           *
REZEPTA   23 I           *
ANFBESO   24 I                       *
FLAEGEW   25 I                       *
ANFTERM   26 I       *   *   *       *
ARBBREI   27 I           *           *
GUTMPFI   28 I                       *                   *
SERIENN   29 I       *       *   *   *   *               *
VETERMI   30 I           *           *                       *
GUTMVEI   31 I                       *                       *
REZVORI   32 I           *           *
REZTATI   33 I                       *   =
SERBESO   34 I                       *
LAENGEO   35 I       *               *
BRGEWDU   36 I       *               *
MARKENU   37 I                       *
ROLLSTA   38 I       +
PROZSTA   39 I       =
FREIROH  -40 I       *   *           *
FREIVEH   41 I       *               *
ROLLVER   42 I                       *
....LVER  43 I
.....     44 I           *   *       *
```

<u>Abb. 9-6</u>: Ausschnitt aus einer Zuteilungsmatrix

geteilt wurde. Das Symbol "*" zeigt an, daß durch die Zuteilung das gesamte Datenaustauschvolumen verringert wird, das Symbol "=" bedeutet, daß durch die Zuteilung keine Veränderung des Datenaustauschvolumens erzielt werden kann. Dem durch die Zuteilung eingesparten Queryvolumen steht in gleichem Umfang Updatevolumen gegenüber. Das Symbol "+" bedeutet, daß die Zuteilung zu einer Erhöhung des Datenaustauschvolumens führt, sie aber trotzdem erfolgen muß, da diese Datengruppe sonst auf keinem Teilsystem verfügbar wäre (vgl. Abb. 9-6).

Danach wird die sogenannte Funktionscharakteristik erstellt. Sie besteht aus fünf mit C1 bis C5 bezeichneten Mengen, die zur Berechnung der Einsparungsmöglichkeiten von Datenaustauschvolumen benutzt werden.

$$C1\ (f_i) := QDM\ (f_i)$$
$$C2\ (f_i) := UDM\ (f_i)$$
$$C3\ (f_i) := ZD\ (f_i)$$
$$C4\ (f_i) := ZD\ (f_i) \setminus QDM\ (f_i)$$
$$C5\ (f_i) := ZD\ (f_i) \setminus \bigcap_{k \neq i} UDM\ (f_k)$$

In einer Liste wird die Summe der Beziehungen für je zwei Teilsysteme ausgegeben. Sie enthält die möglichen Einsparungen durch eine Zusammenfassung zweier Teilsysteme aufgrund der Query-Einsparung, der Update-Einsparung und der Redundanzverminderung. Zusätzlich erfolgt die Ausgabe einer Kennzahl zum Grad der Selbständigkeit. Anhand der Berechnungsergebnisse erfolgt der nächste Zusammenfassungsschritt wie in Kap. 8.3.4 beschrieben.

Abschließend erfolgt die Ausgabe einer Schnittstellentabelle. Sie enthält genaue Angaben, welche Kommunikationsbeziehungen zwischen den Teilsystemen bestehen. Eine Ausgabe der entsprechenden Werte findet nur für solche Teilsysteme statt, die auch tatsächlich Query- und/oder Updatebeziehungen zu anderen Teilsystemen unterhalten. Mit Hilfe dieser Tabelle ist es möglich, die Kommunikationsbeziehungen zwischen den einzelnen Teilsystemen und Funktionen anschaulich darstellen (vgl. Abb. 9-7).

```
SCHNITTSTELLENTABELLE:
*************************
           I    UNTERHAELT     I              DAVON   I ALTERNATIVE FUER OPTIONALE
TEILSYSTEM I KOMMUNIKATIONSBEZ.I      DIREKT   OPTIONAL I    BEZIEHUNG BESTEHT ZU
           I   ZU TEILSYSTEM   I    G       U     (Q)  I TS/FKT WEGEN (BG) MIT WERT
------------------------------------------------------------------------------------
   T  1  I       T  2      I      0     979      0   I
   T  1  I       T  3      I    102       0      C   I
   T  1  I       T  4      I   1736    4132      0   I
   T  2  I       T  1      I   5565    4968   4500   I T  4      (D 38)     480
                                                     I T  4      (D 39)    3200
                                                     I T  4      (D 80)     820

   T  2  I       T  3      I     36       0      0   I
   T  2  I       T  4      I  35900   10884   4500   I T  1      (D 38)     480
                                                     I T  1      (D 39)    3200
                                                     I T  1      (D 80)     820

   T  3  I       T  1      I    150    2862      C   I
   T  3  I       T  2      I      0    1264      0   I
   T  3  I       T  4      I    100    1252      0   I
   T  4  I       T  1      I    445   28758      0   I
   T  4  I       T  2      I      0     823      0   I
   T  4  I       T  3      I     90       0      C   I
```

<u>Abb. 9-7</u>: Beispiel für eine Schnittstellentabelle

10. Anwendung des Instrumentariums bei der Reorganisation einer technischen Auftragsabwicklung

Das Instrumentarium wurde in einem Unternehmen der Papiererzeugung zur Umgestaltung des bestehenden Datenflusses in der technischen Auftragsabwicklung eingesetzt. Nach einer kurzen Beschreibung der Aufgabenstellung (Kap. 10.1) erfolgt die Darstellung der vorgefundenen Ausgangssituation (Kap. 10.2). Hieran schließt sich die Beschreibung des erarbeiteten Funktionenmodells an (Kap. 10.3). Abschließend werden die mit dem Programmpaket OTS ermittelten Ergebnisse vorgestellt.

10.1 Aufgabenstellung

Ziel war es, eine Grobkonzeption für eine zukünftige EDV-Unterstützung zu erarbeiten. Organisatorische Veränderungen wurden dabei zunächst nicht angestrebt. Vielmehr ging es darum, ein Konzept zu entwickeln, dessen Realisierung den Mitarbeitern bessere Voraussetzungen für die Informationsbeschaffung bietet, den Datenaustausch rationalisiert und umfangreiche Routinearbeiten automatisiert. In Zusammenarbeit mit dem Unternehmen wurde vereinbart, folgende Abteilungen bzw. Produktionsbereiche in die Untersuchung einzubeziehen:

- die Abteilung "Produktionsplanung" (PPL)
- die Abteilung "Arbeitsvorbereitung für die Rohpapiererzeugung" (AVP)
- den Produktionsbereich "Rohpapiererzeugung" (PP)
- die Abteilung "Arbeitsvorbereitung für die Papierveredelung" (AVV)
- den Produktionsbereich "Veredelung" (VE)
- die Abteilung "Qualitätskontrolle" (QK)
- die Abteilung "Technischer Kundendienst" (TKD)
- die Abteilung "Verpackung und Transport" (VT)
- als angrenzende Abteilungen soweit erforderlich die Abteilungen "Verkauf" (VKF), "Versand" (VER) und "Betriebsabrechnung" (BA)

Gemäß Kap. 2.1 sind damit die CIM-Funktionsbereiche PPS, CAQ, CAP und CAM betroffen.

10.2   Ausgangssituation

Der Informationsfluß zwischen den Abteilungen ist durch den Datenträger "Beleg"
geprägt. Ständig sind ca. 100 verschiedene Belege im Umlauf. Die meisten enthalten Daten, die ursprünglich dem Auftragsschein entnommen werden. Ein enormer
Aufwand wird allein damit betrieben, diese Daten ständig abzuschreiben.

Wichtige Belege, wie beispielsweise Auftragsscheine oder Freigabeprotokolle, verfügen über große Verteiler und werden in der Regel mehrfach abgelegt. Teilweise ist
Doppelarbeit nicht ausgeschlossen, wenn z. B. von der Abteilung zur internen
Information noch Eintragungen in diese Belege vorgenommen werden. Die Problema-
tik wird schnell deutlich, wenn man den Belegfluß der oben genannten Belege verfolgt
(vgl. Abb. 10-1 und -2). Anhand der Pfeilbeschriftung können die Wege aller Kopien
eines Ausgangsbeleges verfolgt werden. Die Zahl in der Klammer gibt an, welche
Kopie weitergegeben wird, die Zahl vor der Klammer wie oft die Kopie bisher
weitergeleitet wurde. Von einem Auftragsschein für veredeltes Papier müssen im Laufe
der Auftragsabwicklung sieben Kopien verwaltet und transportiert werden. Für die
Kopie Nr. 4 werden insgesamt neun Transporte durchgeführt.

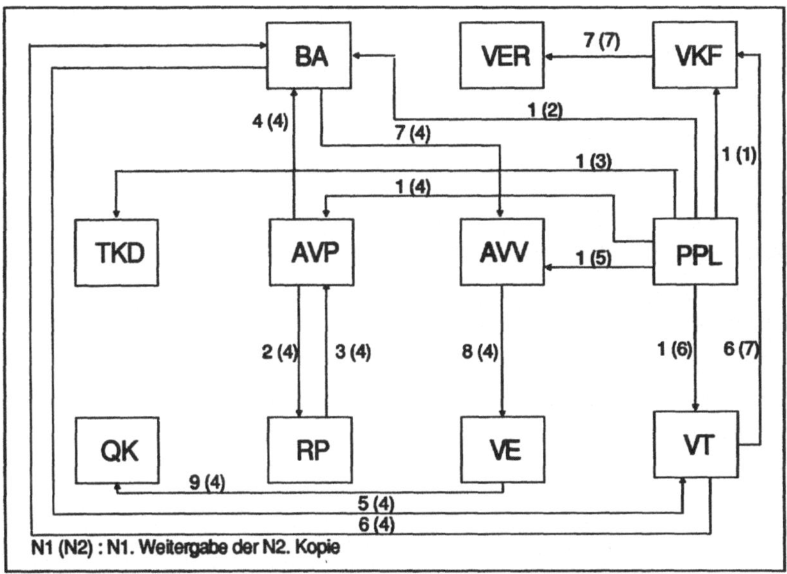

Abb. 10-1: Darstellung des Belegflusses am Beispiel eines Auftragsscheins für veredeltes Papier

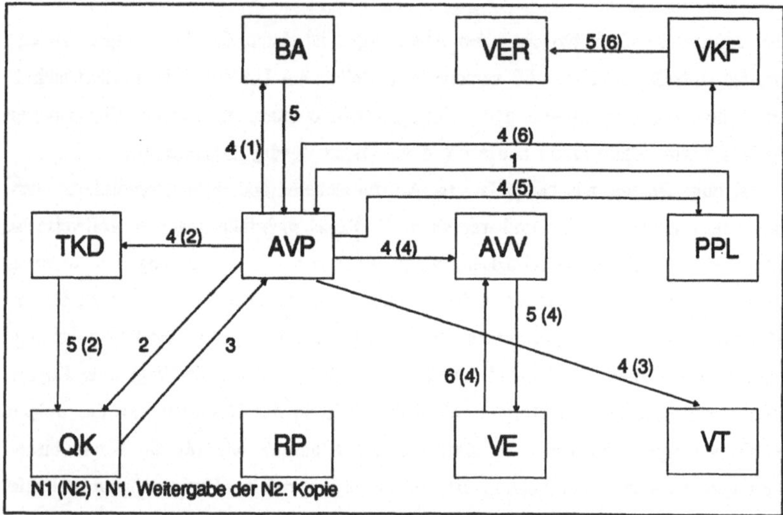

Abb. 10-2: Darstellung des Belegflusses am Beispiel eines Freigabeprotokolls für Rohpapier

Der große Verteiler des Auftragsscheins ergibt sich zum Teil allein daraus, daß hierauf Daten zusammengefaßt werden, die nicht für alle Abteilungen relevant sind. Hier sind vor allem die Angaben für die Musterentnahme und die Ausrüstungsvorschriften zu nennen, die keine auftrags-, sondern sortenspezifische Daten darstellen und nur von wenigen Empfängern benötigt werden.

Zur weiteren Erläuterung der Ausgangssituation wird als nächstes eine Kurzbeschreibung des Auftragsdurchlaufs gegeben. Im Anschluß daran folgt eine Beschreibung der in die Untersuchung einbezogenen Abteilungen mit ihren Aufgaben.

10.2.1 Kurzbeschreibung des Auftragsdurchlaufs

Das Unternehmen bietet zwei Produktgruppen an: Rohpapier und veredeltes Papier. Eingehende Aufträge gelangen über die Abteilung Verkauf (VKF) zunächst in die Abteilung Produktionsplanung (PPL) (vgl. Abb. 10-3). Hier werden dann für die Produktion auf den Papier- und Veredelungsmaschinen die erforderlichen Kapazitäten mit Hilfe von Plantafeln reserviert. Mit der vorläufigen Kapazitätsreservierung wird gleichzeitig eine Reihenfolgeplanung vorgenommen, die den minimalen Rüstaufwand auf allen Maschinen anstrebt. Optimale Reihenfolgen auf den Papiermaschinen

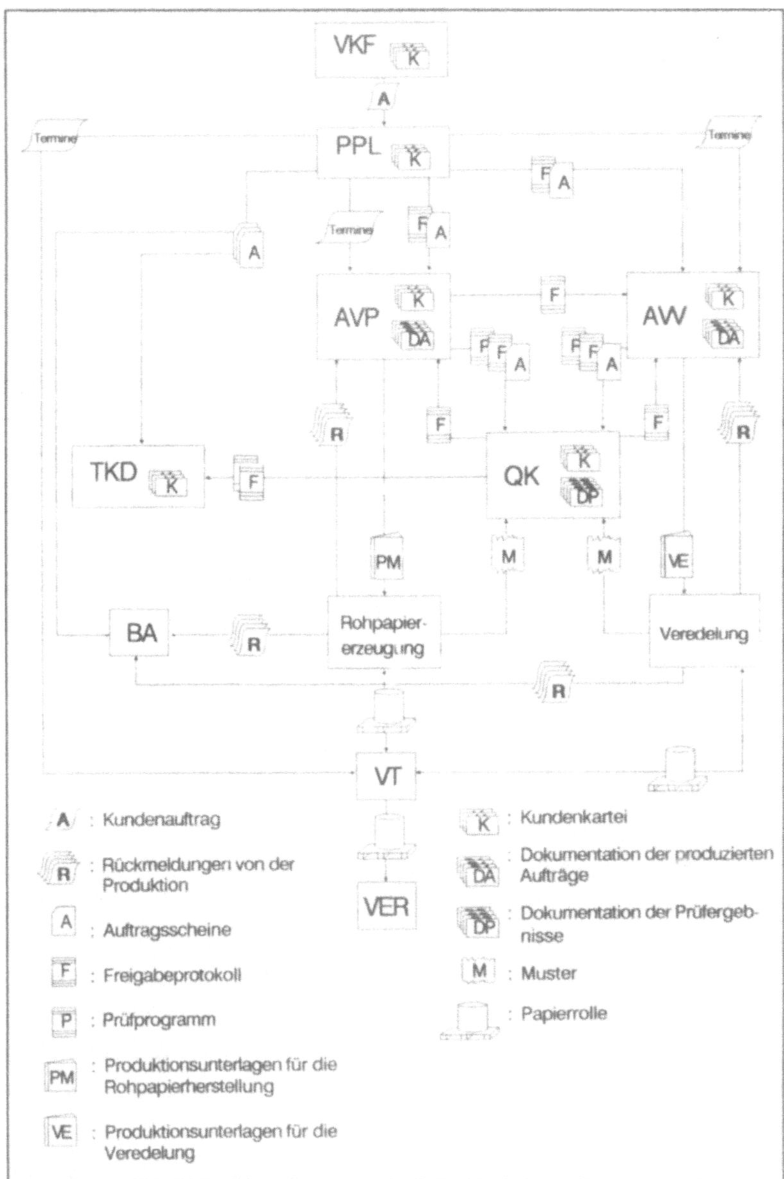

Abb. 10-3: Überblick über die Auftragsabwicklung im untersuchten Unternehmen

bedingen dabei keineswegs auch optimale Reihenfolgen auf den sich eventuell anschließenden Veredelungmaschinen. Die Einplanung von Aufträgen stellt daher einen sehr komplexen Vorgang dar. Nach der Einplanung werden in Abstimmung zwischen den Abteilungen PPL und VKF monatsgenaue Auslieferungstermine festgelegt und dem Kunden mitgeteilt. Sobald die Auftragsbestätigung des Kunden vorliegt, wird in der Abteilung PPL ein sogenannter Auftragsschein ausgeschrieben und vervielfältigt. Er enthält auf der Vorderseite die Kunden- und Auftragsdaten sowie Angaben für die Rohpapiererzeugung (RP). Auf der Rückseite des Auftragsscheins befinden sich Anweisungen für die Produktion und die Qualitätskontrolle sowie für die Abteilung Verpackung und Transport (VT). Die Anweisungen sind je nach Kunde und Papiersorte unterschiedlich. Von der Abteilung PPL wird der Auftragsschein zusammen mit einem sogenannten Freigabeprotokoll, auf dem ebenfalls Auftragsdaten manuell eingetragen werden, an die zuständigen Arbeitsvorbereitungen für die Rohpapiererzeugung (AVP) und ggf. Veredelung (AVV) weitergeleitet. Gleichzeitig gelangen Kopien des Auftragsscheins als Information in die Abteilungen BA, TKD, VT und VKF. Sobald der Auftragsschein und das Freigabeprotokoll in der Abteilung AVP vorliegen, werden die Produktionsunterlagen zusammengestellt. Rezepte bzw. Produktionsanweisungen sowie Prüfprogramme werden einer in der AVP geführten Kunden-Sorten-Kartei entnommen. Sie ist nach Kunden und Papiersorten sortiert und enthält alle Produktionsanweisungen zu bereits bekannten Aufträgen. Sobald die Produktionsunterlagen an die Produktions- und Veredelungsmaschinen gegeben werden, erhält die Abteilung QK von den Abteilungen AVP und AVV zusammen mit einem Auftragsschein das Freigabeprotokoll und ein zum Auftrag gehörendes Prüfprogramm.

Während und nach der Produktion fallen zahlreiche maschinen- und auftragsbezogene Rückmeldungen an. Sie werden in den Abteilungen AVP und AVV und teilweise auch in der BA ausgewertet. Alle Rückmeldungen werden danach in einer Auftragsdokumentation in AVP bzw. AVV abgelegt. Nach Fertigstellung des Auftrags wird das Freigabeprotokoll von der QK an die AVP bzw. AVV zurückgegeben. Das Freigabeprotokoll enthält alle relevanten Informationen, wonach dann entschieden wird, ob die gefertigten Papierrollen zur Auslieferung oder Weiterbearbeitung freigegeben werden können. Nicht freigegebene Rollen werden nach ihrer möglichen Weiterverwendung klassifiziert. Einen breiten Raum nehmen hierbei die Lagerrollen ein. Papierrollen werden zu Lagerrollen erklärt, wenn sie aus irgendwelchen Gründen dem ursprünglichen Verwendungszweck nicht zugeführt werden können, wohl aber noch für andere Zwecke einsetzbar sind. Lagerrollen können in jeder Fertigungsstufe entstehen. Die Beurteilung der Einsatzmöglichkeiten von Lagerrollen obliegt den Abteilungen PPL und TKD. Parallel zur Fertigung werden in Zusammenarbeit der Abteilungen PPL,

AVP und AVV wöchentlich die Produktionsprogramme für die Produktions- und Veredelungsmaschinen erstellt. Trotz dieses kurzen Planungszeitraums sind häufig Umstellungen der Produktionsprogramme nötig. Die ebenfalls von der PPL erstellten Packterminlisten mit tagesgenauen Terminangaben für die Verpackung der Papierrollen dienen als Basis für eine Feinabstimmung, die zwischen dem Versand (VER) und der Verpackung (VT) erfolgt.

10.2.2 Aufgaben der einzelnen Abteilungen

Abteilung Produktionsplanung (PPL)

Zu Beginn der Auftragsbearbeitung in der PPL erfolgt eine Machbarkeitsprüfung, bei der anhand der vorliegenden Kundenkartei geprüft wird, ob es sich bei der bestellten Papiersorte um ein bereits bekanntes Produkt handelt. Hierzu wird auf die PPL-eigene, handschriftlich geführte Kundenkartei zurückgegriffen. Handelt es sich um einen neuartigen Auftrag, erfolgt eine Absprache mit dem TKD über die Klassifizierung der neuen Sorte und die Festlegung der zugehörigen Produktionsfolgen. Für Aufträge, zu denen die möglichen Produktionsfolgen bereits bekannt sind, wird eine Kapazitätsreservierung durchgeführt. In der EDV ist für jede Papiersorte eine Reihe möglicher Produktionsfolgen abgespeichert. Diese sind jedoch unvollständig, da die tatsächlich gelaufenen Produktionsfolgen hier nicht ausgewertet werden. Der Zugriff auf die entsprechenden Daten ist nur unter Zuhilfenahme der AVP- bzw. AVV-eigenen Kundenkarteien möglich. Nachdem eine Produktionsfolge ausgewählt ist, folgt die Einplanung der Aufträge auf die Produktionsmaschinen unter Optimierungsgesichtspunkten (min. Rüstaufwand, optimale Reihenfolge und Kapazitätsnutzung). Dies erfolgt unter Zuhilfenahme mehrerer Plantafeln. Aus den Planungsergebnissen werden später die Produktionsprogramme für die einzelnen Maschinen abgeleitet. Die Produktionsprogramme werden zusammen mit den entsprechenden Auftragsscheinen und Freigabeprotokollen der AVP bzw. AVV zugeleitet.

Jeder Auftrag wird nach Beendigung des Produktionsprozesses als komplette Einheit mit einem Freigabeprotokoll abgeschlossen. Bei großen Aufträgen hat das zur Folge, daß Meldungen über nicht freigegebene Papierrollen, d.h. Ausschuß- oder Lagerrollen, erst sehr spät in die PPL gelangen. Eine wirksame Auftragsüberwachung und das rechtzeitige Reagieren mit Ersatz-Aufträgen ist in diesem Fall nicht gewährleistet. Lagerrollen sind prinzipiell wiederverwendbar. Sämtliche bereits bekannten

Stammdaten sowie rollenbezogene Daten werden EDV-mäßig erfaßt und in einer Liste ausgedruckt. Sie dient der Übersicht über alle vorhandenen Lagerrollen und soll die Entscheidung über eine spätere Auftragszuordnung unterstützen. Die Aktualisierung der Liste erfolgt jedoch nur einmal monatlich. Als Arbeitsunterlage ist sie deshalb nur eingeschränkt nutzbar.

Abteilung Arbeitsvorbereitung für die Rohpapiererzeugung (AVP)

In der Abteilung AVP werden anhand der Daten des Auftragsscheins die Anweisungen für das zu produzierende Rohpapier (Stoffzettel, Prüfprogramme, etc.) aus der AVP-eigenen Kunden-Sorten-Kartei zusammengestellt und an die Produktion weitergeleitet. Bei der Erstellung der Produktionsunterlagen werden die bereits im Auftragsschein erfaßten Daten auf eine Reihe von weiteren Belegen manuell übertragen. Die während und nach der Produktion anfallenden auftrags- und maschinenbezogenen Rückmeldungen werden ausgewertet und archiviert. Auch in dieser Abteilung wird dazu eine Kundenkartei geführt, die in wesentlichen Teilen mit den Kundenkarteien anderer Abteilungen übereinstimmt. Einige Rückmeldungen werden nur an die Abteilung Betriebsabrechnung (BA) weitergeleitet. Das Auswerten von Betriebsdaten erfolgt dort manuell. Da die Maschinenaufschreibungen vorwiegend in Form von handgeschriebenen Protokollen vorliegen, müssen diese auf Vollständigkeit und Richtigkeit überprüft werden.

Produktionsbereich Rohpapiererzeugung (RP)

Hier werden die in der Produktion anfallenden Istdaten erfaßt. Hierbei handelt es sich im wesentlichen um Meldungen über verbrauchte Mengen, Maschinenlaufzeiten und Qualitätsdaten. Weiterhin werden Funktionen der Mengenplanung für Roh- und Hilfsstoffe durchgeführt.

Abteilung Arbeitsvorbereitung für die Papierveredelung (AVV)

Hauptfunktionen der AVV sind die Abstimmung des Produktionsprogramms mit der PPL, die Feinplanung der Termine für die Veredelung, das Zusammenstellen und Weiterleiten von Produktionsunterlagen, sowie das Erfassen, Verarbeiten und Weiterleiten von auftragsbezogenen und maschinenbezogenen Rückmeldungen aus der Produktion.

Für die Feinplanung der Veredelungstermine wird der Abteilung AVV das Produktionsprogramm für die Rohpapierherstellung zur Verfügung gestellt. Hieraus lassen sich aber keine zuverlässigen Informationen über den Zeitpunkt der Verfügbarkeit des Rohpapiers ableiten, das erst nach der Freigabe durch die AVP eingesetzt werden darf. Die Festlegung, welche Rohpapierrollen für welchen Veredelungsauftrag eingesetzt werden, erfolgt erst 2-3 Tage vor dem Veredelungstermin. Trotzdem sind häufige Änderungen der Produktionsprogramme in der Veredelung unvermeidbar.

Das Zusammenstellen der Produktionsunterlagen ist mit zahlreichen Kopier- und Abschreibetätigkeiten verknüpft. Auch hierbei wird auf eine abteilungseigene Kunden-Sorten-Kartei zurückgegriffen.

Produktionsbereich Veredelung (VE)

Im Produktionsbereich Veredelung werden auf sogenannten Rollenkarten rollenbezogene Daten detailliert erfaßt. Sie enthalten wichtige Informationen (z. B. Klebestellen) für die spätere Freigabeentscheidung durch die AVV. Die Rollenkarten selbst gelangen jedoch nicht in die AVV sondern werden an die Abteilung VT weitergegeben. Lediglich die Produktionsanweisungen werden später an die AVV zurückgegeben. Vor der Weitergabe der Rollenkarte werden daher auf die Rückseiten der Produktionsanweisung alle für die Freigabeentscheidung relevanten Daten übertragen.

Abteilung Qualitätskontrolle (QK)

Die Abteilung Qualitätskontrolle ist für die ordnungsgemäße Abwicklung der kunden- und sortenabhängigen Prüfungen verantwortlich. Sie erhält dazu Sollvorgaben in Form von Prüfprogrammen. Alle gefundenen Prüfwerte werden in ein Prüfbuch eingetragen und später ausgewertet. Hieraus wird unter anderem ein Tagesqualitätsbericht erstellt. Prüfergebnisse, die für die Freigabeentscheidung durch die AV wichtig sind, werden in das entsprechende Freigabeprotokoll übertragen.

Anfallende Routinetätigkeiten, wie z. B. Abschreiben, sind in dieser Abteilung im Vergleich zu anderen gering. Schwachstellen zeigen sich jedoch in einer verzögerten Weitergabe der ermittelten Prüfwerte über das Freigabeprotokoll. Bei großen Aufträgen erfolgt daher häufig die Mitteilung wichtiger Prüfergebnisse zu einzelnen Rollen über Hilfszettel, bevor der Auftrag komplett abgeschlossen ist.

Abteilung Technischer Kundendienst (TKD)

Der Technische Kundendienst ist ein wichtiges Bindeglied zwischen Kunde und Betrieb. Nach außen hin betreut und berät er die Kunden. Er nimmt Reklamationen, Hinweise und Kundenwünsche entgegen und stößt die notwendigen innerbetrieblichen Maßnahmen an. Betriebsintern liegt bei ihm die letzte Entscheidung darüber, welche Ware der Kunde in welcher Qualität bekommt. Die Entscheidungsgrundlage liefern Freigabeprotokolle und verschiedene Prüfberichte. Alle wichtigen Daten werden in die abteilungseigene Kundenkartei eingetragen. Sie müssen einer Vielzahl von Belegen mühsam entnommen werden. Eine schnelle und zuverlässige auftragsbezogene Informationsbereitsstellung über den Produktionsablauf ist nicht gewährleistet.

Abteilung Verpackung und Transport (VT)

Die Abteilung Verpackung und Transport ist für die ordnungsgemäße Verpackung der Halb- und Fertigprodukte sowie für den gesamten innerbetrieblichen Transport verantwortlich. Anfallende Transporte werden den aktuellen Produktionsprogrammen zu den einzelnen Maschinen entnommen.

Alle dispositiven Maßnahmen für die vielfältigen Verpakungsmaterialien sowie deren Bevorratung und Lagerung führt die Abteilung selbst durch. Die Disposition der Hülsen, Paletten und Verpackungsmaterialien muß sehr kurzfristig auf der Basis der eingegangenen Auftragsscheine erfolgen. Für diese Aufgaben wäre die Kenntnis des bereits geplanten Auftragsbestandes sehr hilfreich, da hieraus die nötigen Informationen frühzeitig abgeleitet werden könnten. Derzeit garantieren hohe Sicherheitsbestände und die Erfahrung langjähriger Mitarbeiter den hohen Lieferservice.

Abteilung Verkauf (VKF)

Die Aufgabe des Verkaufs besteht in der Entgegennahme und Bearbeitung von Kundenanfragen und -aufträgen. Im Vorfeld klärt er mit den Abteilungen TKD und PPL die technologische und terminliche Machbarkeit von Kundenaufträgen ab.

Aufgaben der Abteilung Versand (VER)

Die Abteilung Versand ist eine weitere Schnittstelle des Betriebes zum Kunden. Sie organisiert und koordiniert den Versand und Transport der Fertigprodukte zum Kunden. Hierzu gehört die Bestellung des benötigten Laderaums bei Speditionen, das Erstellen der Rechnungen sowie der Zoll- und Frachtpapiere. Für die langfristige Versandplanung werden die Produktionsprogramme der Papiermaschinen und die Packsaalterminliste herangezogen.

Aufgaben der Abteilung Betriebsabrechnung (BA)

In der Abteilung Betriebsabrechnung werden die auftrags- und maschinenbezogenen Rückmeldungen (Betriebsdaten) aus der Produktion weiter ausgewertet. Es entstehen die Tagesproduktionsmeldungen mit Laufzeiten und Ausfallzeiten der Produktionsanlagen. Weiterhin wird der Soll-Istvergleich bezüglich des Einsatzes der Rohmaterialien und Hilfsstoffe durchgeführt. Darüber hinaus werden die schon EDV-gestützt ablaufenden betriebswirtschaftlichen Programme mit den nötigen Daten versorgt.

10.3 Funktionenmodell

In Zusammenarbeit mit den Fachabteilungen wurde ein Funktionenmodell mit 47 Funktionen erarbeitet. 40 Funktionen wurden sieben vorab definierten Teilsystemen zugewiesen (vgl. Abb. 10-4). Teilsysteme wurden für diejenigen Abteilungen bzw. Produktionsbereiche definiert, die aufgrund der Häufigkeit und Komplexität ihrer Arbeitsabläufe auf eine umfangreiche EDV-Unterstützung angewiesen sind. Die Teilsysteme wurden jeweils aus den Funktionen gebildet, die zukünftig von den entsprechenden Abteilungen wahrgenommen werden sollten. Diese weichen von der bisherigen Abteilungsgliederung leicht ab und sollen daher im folgenden kurz vorgestellt werden.

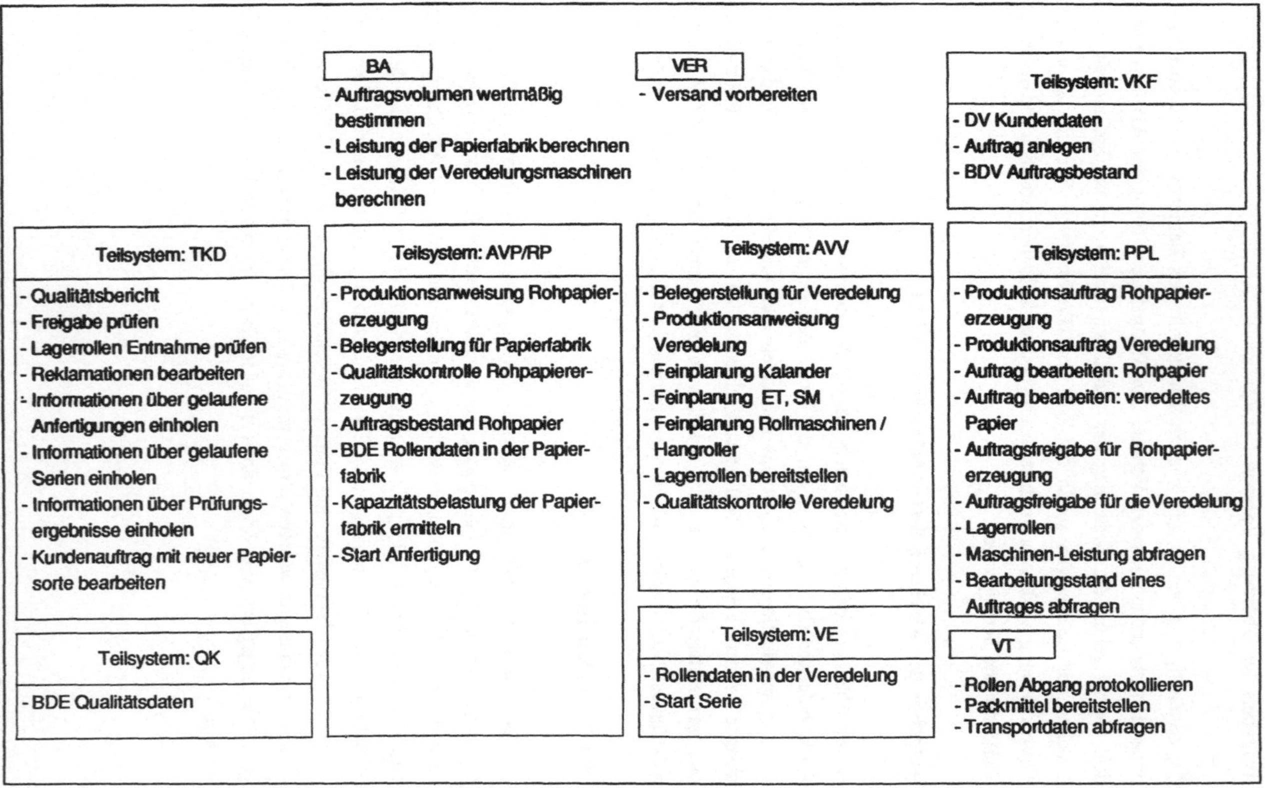

<u>Abb. 10-4</u>: Funktionenmodell mit sieben Teilsystemen und sieben organisatorisch nicht gebundenen Funktionen

10.3.1   Funktionen des Teilsystems VKF

Kundendaten pflegen

Die Funktion umfaßt das Anlegen und Ändern von Kundennummer, -name und -anschriften für die Rechnungsschreibung und den Versand sowie Hinweise allgemeiner Art.

Auftrag anlegen

Diese Funktion beschreibt das Erfassen der Daten laut Bestellung. Hierzu gehören neben Kundennummer, -name und -adresse, Angaben zum Papier nach Art und Menge (Sorte, Rollenzahl, Rollenlänge und -breite), Versandhinweise sowie das Datum der Bestellung. Sofern die bestellte Sorte bereits bekannt ist, können automatisch die Sortennummern für das Roh- bzw. veredelte Papier ergänzt werden. Hiernach erhält der Auftrag einen neuen Status. Sofern eine Überprüfung durch den TKD erforderlich ist, kann diese Information ebenfalls dem Statuskennzeichen entnommen werden.

Auftragsbestand abfragen

Diese Funktion gibt eine Übersicht über den aktuellen Auftragsbestand in der Produktion. Hierzu werden lediglich die Daten Kommission, Kunde, Sorte, Menge, Auftragseingang und Status herangezogen. Die Funktion erlaubt es, grobe Angaben über mögliche Liefertermine zu machen.

10.3.2   Funktionen des Teilsystems PPL

Produktionsauftrag Rohpapiererzeugung erstellen

Anhand der vorliegenden Kundenaufträge werden Produktionsaufträge für die Rohpapiererzeugung geschrieben. Aus den Kundenaufträgen werden die Vorgaben wie z. B. Angaben über Mengen, Arbeitsbreiten und Rollengrößen für den Produktionsbereich Rohpapiererzeugung abgeleitet. Das Ausschreiben von Aufträge erfolgt kurz vor Produktionsbeginn. Gleichzeitig werden die Termine für die versandfertige Verpackung der Rollen festgelegt. Auf der Basis dieser Termine erfolgt in der Abteilung VT die Disposition der Packmittel. Der letzte Bearbeitungsgang vor der versandfertigen Verpackung einer Papierrolle ist in der Regel das Umrollen an den Rollmaschinen. Die Feinabstimmung der Termine zur Umrollung wird von der AVV unter Berücksichtigung der Verpackungstermine durchgeführt.

Produktionsauftrag Veredelung erstellen

Anhand der vorliegenden Kundenaufträge werden Produktionsaufträge für die Veredelung geschrieben. Sie enthalten die für die Veredelung wichtigen Aufgaben aus dem Kundenauftrag sowie Angaben über den geplanten Rohpapiereinsatz. Als Rohpapier können auch Lagerrollen verwendet werden. Hierzu bedarf es allerding der Zustimmung des TKD. Das Ausschreiben von Aufträge erfolgt kurz vor dem Veredelungsbeginn. Gleichzeitig werden die Termine für die versandfertige Verpakkung der Rollen festgelegt.

Auftrag bearbeiten: Rohpapier

Anhand der bekannten Auftragsdaten wird die Maschinenbelegungszeit berechnet und der Auftrag in den Auftragsbestand probeweise eingeplant. Die Reihenfolgeplanung der Aufträge erfolgt mittels großer Plantafeln. Eine Planung unter den einschränkenden Möglichkeiten eines Bildschirmterminals scheidet aufgrund mangelnder Übersicht aus. Eine Unterstützung durch die EDV soll durch eine automatische Erstellung von Plantafelstreifen erfolgen, auf die die Kommissionsnummer zusätzlich als Barcode aufgedruckt wird. Ansonsten enthält der Plantafelstreifen die wichtigsten Angaben für Reihenfolgeplanung. Hierzu zählen vor allem die Angaben über die Rohpapiersorte, das Flächengewicht und die geplante Arbeitsbreite. Hiernach wird der vom Kunden gewünschte Ablieferungstermin entweder bestätigt oder ein Gegenvorschlag gemacht. Der Auftrag erhält anschließend den Status "geplant".

Auftrag bearbeiten: veredeltes Papier

Anhand der bekannten Auftragsdaten werden die möglichen Produktionsfolgen ermittelt, die Maschinenbelegungszeit berechnet und der Auftrag in den Auftragsbestand für die Rohpapiererzeugung und für die Veredelung probeweise eingeplant. Die Reihenfolgeplanung der Aufträge erfolgt auch für die Veredelung mittels großer Plantafeln. Die wichtigsten Angaben auf den Plantafelstreifen für die Veredelung sind Angaben über die Veredelungssorte, die Ablieferungsbreite und das Rohpapier, da sonst bei einer evtl. Umplanung auf den (Roh-)Papiermaschinen keine Rückkopplung zur Veredelung möglich wär.

Auftrag für die Rohpapiererzeugung freigeben

In Abhängigkeit vom Produktionsfortschritt erfolgt mit ca. einer Woche Vorlauf die Freigabe der Produktionsaufträge. Zur Freigabe wird die Kommissionsnummer der Plantafelstreifen in der gewünschten Reihenfolge eingelesen und mit einer fortlaufenden Anfertigungsnummer und einem Plantermin versehen. Jede Anfertigung gehört zu einem bestimmten Kundenauftrag. Mit der Freigabe eines Auftrages ändert sich dessen Status.

Auftrag für die Veredelung freigeben

In Abhängigkeit vom Produktionsfortschritt erfolgt mit ca. einer Woche Vorlauf die Freigabe der Veredelungsaufträge. Hierzu werden die Kommissionsnummern der Plantafelstreifen in der gewünschten Reihenfolge eingelesen und mit einem geplanten Termin versehen. Mit der Freigabe eines Veredelungsauftrages ändert sich dessen Status.

Lagerrollen verwalten

Rollen, die aus irgendeinem Grund der ursprünglich geplanten Verwendung nicht mehr zugeführt werden können, erhalten den Status "Lagerrolle". Mit den näheren Angaben über den Zustand der Papierrolle werden sie klassifiziert, um sie im Rahmen anderer Aufträge weiterverwenden zu können oder aber direkt zum Verkauf anzubieten. Lagerrollen können auf allen Produktionsstufen entstehen. Eine mögliche Verwendung sowie der Wert des Papiers werden von der Produktionsplanung festgehalten.

Maschinenleistung abfragen

Zur Planung der erforderlichen Produktionszeiten für die eingehenden Aufträge ist es erforderlich, die Leistung der einzelnen Maschinen zu kennen. Hierzu können Betriebsdaten, die an den einzelnen Maschinen erfaßt werden herangezogen werden. Dies ist vor allem interessant, weil für eine Reihe von Aufträgen unterschiedliche Möglichkeiten für die Produktionsfolgen bestehen.

Bearbeitungsstand eines Auftrages abfragen

Im Rahmen dieser Funktion wird der Status eines Auftrages angezeigt, sowie alle zu diesem Auftrag gehörigen Rollen mit ihrem derzeitigen Bearbeitungsstand und Status.

10.3.3 Funktionen des Teilsystems AVP/PP

Produktionsanweisung für die Rohpapiererzeugung erstellen

Die wichtigste Aufgabe bei der Vorbereitung der Unterlagen für die Produktion ist die Zusammenstellung des Rezeptes. Da es sich beim Materialeinsatz zur Papierherstellung um Naturfasern handelt, ist es nicht möglich, jeden gleichartigen Kundenauftrag mit genau den gleichen Materialien herzustellen. Die Rezeptvorgabe ist daher eine Spezialaufgabe der Papiermacher. Sie erfolgt auf der Basis der

Angaben aus dem Kundenauftrag und vergleichbarer Anfertigungen. (Anfertigung: Menge produziertes Rohpapier, daß mit gleichbleibenden Prozeßparametern erzeugt wurde.)

Belege für die Rohpapiererzeugung erstellen

Anhand der Vorgaben der Abteilung Produktionsplanung werden die Unterlagen für die Rohpapiererzeugung zusammengestellt. Von der AVP erfolgt dazu eine Abfrage der Auftragsdaten und des Rezeptes.

Qualitätskontrolle in der Rohpapiererzeugung durchführen

Zu jeder Papierrolle werden in der Produktion und in der Qualitätskontrolle charakteristische Rollendaten erfaßt. Alle Angaben zusammen enthalten wichtige Informationen für die AVP bei der Freigabeentscheidung für die Rohpapierrolle. Rollen mit unbefriedigenden Prüfergebnissen oder anderen Mängeln, wie z. B. zuvielen Klebestellen werden zu Ausschußrollen oder zu Lagerrollen erklärt. Mit der Freigabeentscheidung ändert sich das Statuskennzeichen der Rolle. Gleichzeitig wird das Datum der Freigabe festgehalten, das im Falle der Erklärung zur Lagerrolle gleichzeitig als Lagerrollenzugangsdatum verwaltet wird.

Auftragsbestand Rohpapier ermitteln

Mit dieser Funktion kann das aktuelle Produktionsprogramm für die Rohpapiererzeugung abgefragt werden. Das Produktionsprogramm enthält alle freigegebenen Aufträge. Hiernach werden der Reihe nach die Produktionsunterlagen fertiggestellt.

BDE Rollendaten in der Rohpapiererzeugung erfassen

Innerhalb einer Anfertigung erhalten alle Rollen eine fortlaufende Nummer. Sie werden hinter den Papiermaschinen identifiziert und mit einem Etikett versehen. Länge, Breite, Gewicht und Durchmesser der Rolle werden hier erstmalig erfaßt. Mit jeder identifizierten Rolle werden die Leistungsdaten der Produktionsmaschinen fortgeschrieben. Die Berechnung der Leistung erfolgt später unter Berücksichtigung der Freigabeentscheidungen.

Kapazitätsbelastung der Rohpapiererzeugung ermitteln

Die aktuelle Kapazitätsbelastung umfaßt alle Anfertigungen, die bereits eingeplant bzw. freigegeben, aber noch nicht in Produktion sind, bzw. deren Produktion noch läuft.

Start der Anfertigung melden

Mit dem Beginn der Papierproduktion für einen bestimmten Auftrag erfolgt die Anmeldung einer Anfertigungsnummer. Die Anmeldung einer Anfertigung gilt als

Starttermin der Produktion. Zu jeder Anfertigung werden alle erforderlichen Daten über den tatsächlichen Stoffeinsatz und den tatsächlichen Produktionsablauf erfaßt.

10.3.4 Funktionen des Teilsystems AVV

Belege für die Veredelung erstellen

Anhand der Vorgaben der Abteilung Produktionsplanung werden die Unterlagen für die Veredelung zusammengestellt. Von der AVV erfolgt dazu eine Abfrage der Auftragsdaten und des Rezeptes.

Produktionsanweisung für die Veredelung erstellen

··Anhand der Vorgaben der Abteilung Produktionsplanung werden die Unterlagen für die Veredelung zusammengestellt. Von der Arbeitsvorbereitung erfolgt dazu eine Abfrage der Auftragsdaten und des Prüfprogrammes sowie des Rezeptes.

Feinplanung ET, SM durchführen

Die Planung der Maschinenbelegung von Extrudern und Streichmaschinen erfolgt im ersten Schritt in der Produktionsplanung. Die Feinplanung der Aufträge erfolgt in der AVV. Auch hier werden dazu Plantafeln benutzt. Eine Unterstützung durch die EDV erfolgt durch eine automatische Erstellung der Plantafelstreifen. Sie dienen der Information der Produktion und ermöglichen die Eintragung zusätzlicher Vermerke. Im Rahmen der Feinabstimmung erfolgt nun auch die Verfügbarkeitskontrolle für das zu veredelnde Rohpapier. Mit der Feinplanung der Aufträge erfolgt die Vergabe der Seriennummer.

Feinplanung der Kalandermaschinen durchführen

Im Rahmen dieses Funktion wird dezentral das Produktionsprogramm erstellt. Bei diesen Maschinen treten in der Regel keine Engpässe auf. Für die Programmerstellung werden Kommissionsnummer und Status der Aufträge benötigt.

Feinplanung der Rollmaschinen/Hangroller durchführen

Die Ausrollung ist der letzte Vorgang vor der versandmäßigen Verpackung der Rollen. Da zum Teil auch nicht vorhersehbare Umrollvorgänge zwischen den Produktionsschritten erforderlich sind, ist eine dezentrale Feinabstimmung der Rollmaschinenbelegung unumgänglich. Für die Erstellung des Produktionsprogramms der Rollmaschinen sind neben den Mengenangaben aus den Auftragsdaten und dem Auftragsstatus vor allem die geplanten Ablieferungs- und Verpackungstermie wichtige Plangrößen.

Lagerrollen bereitstellen

Für die Veredelung können Rollen aus früheren Anfertigungen eingesetzt werden, unter anderem auch Lagerposten. Anhand der Angaben aus der Produktionsplanung erfolgt im Rahmen dieser Funktion eine Zuordnung der entsprechenden Rollen zum aktuellen Auftrag. Hierzu wird die Rollennummer und ggf. die Lagerpostennummer entsprechend geändert.

Qualitätskontrolle in der Veredelung durchführen

Zu jeder Papierrolle werden in der Produktion und in der Qualitätskontrolle charakterisierende Rollendaten erfaßt. Alle Angaben zusammen enthalten wichtige Informationen für die AVV zur Durchführung der Freigabeentscheidung für die veredelte Papierrolle. Rollen mit unbefriedigenden Prüfergebnissen oder anderen Mängeln, wie z. B. zu vielen Klebestellen werden zu Ausschußrollen oder Lagerrollen erklärt. Mit der Freigabeentscheidung ändert sich das Statuskennzeichen der Rolle. Gleichzeitig wird das Datum der Freigabe festgehalten, das im Falle der Erklärung zur Lagerrolle gleichzeitig als Lagerrollenzugangsdatum verwaltet wird.

Auftragsbestand für die Veredelung ermitteln

Mit dieser Funktion können die aktuellen Produktionsprogramme für die Veredelung abgefragt werden. Die Produktionsprogramme enthalten alle freigegebenen Aufträge.

Kapazitätsbelastung der Extruder ermitteln

Die aktuelle Kapazitätsbelastung umfaßt alle Serien, die bereits eingeplant bzw. freigegeben, aber noch nicht in Produktion sind, bzw. deren Produktion noch läuft.

Kapazitätsbelastung der Streichmaschinen ermitteln

Die aktuelle Kapazitätsbelastung umfaßt alle Serien, die bereits eingeplant bzw. freigegeben, aber noch nicht in Produktion sind, bzw. deren Produktion noch läuft.

10.3.5 Funktionen des Teilsystems QK

BDE Qualitätsdaten erfassen

Die Produktion unterliegt ständigen Qualitätsprüfungen, die zum einen dazu dienen, den gesetzten Qualitätsstandard gegenüber den Kunden zu gewährleisten und zum anderen eine Kontrolle über die produzierenden Anlagen und über das eingesetzte Material zu ermöglichen. Hierzu werden zu jeder Rolle sowohl die erforderlichen Kundendaten, wie z. B. Reklamationen, Hinweise oder sonstige Besonderheiten, als auch die zu der speziellen Sorte angegebenen Prüfungen herangezogen. Unter Angabe der die Rollen identifizierenden Daten werden die gefundenen Werte gespeichert.

10.3.6 Funktionen des Teilsystems TKD

Qualitätsbericht erstellen

Der Qualitätsbericht ist eine verdichtete Zusammenstellung der gesammelten Prüfergebnisse. Er dient vor allem dem TKD und der PPL zur Information. Aus den Einzelprüfungen der Rollen erfolgt eine Beurteilung der Anfertigungen und Serien, zudem wird hierbei die Ausschußrate ermittelt.

Freigabe prüfen

Alle Freigabeentscheidungen werden abschließend vom technischen Kundendienst überprüft. Hierzu werden neben den Prüfergebnissen Angaben über Reklamationen oder sonstige kundenspezifische Besonderheiten herangezogen. Eine Bestätigung der Freigaben erfolgt durch die Statusänderung der Rollen.

Lagerrollenentnahme prüfen

Der Vorschlag für eine Lagerpostenentnahme erfolgt durch die Produktionsplanung auf der Basis der Verwendungshinweise. Zur Sicherung des Qualitätstandards muß diese Entscheidung anhand der Rollenmerkmale bestätigt werden. Die Bestätigung erfolgt durch die Änderung des Rollenstatus.

Reklamationen bearbeiten

Die technische Betreuung der Kunden obliegt dem technischen Kundendienst. Er beschließt Maßnahmen und gibt Hinweise für die Produktion. Hierfür wird auf die auftragsspezifischen Prüfhinweise und Bewertungen zurückgegriffen. Aus Reklamationen können Änderungen der Prüfprogramme, Musterentnahmevorschriften und Ausrüstungsvorschriften resultieren.

Informationen über gelaufene Anfertigungen einholen

Diese Information dient ebenfalls der Qualitätssicherung. Hier können vor allem Vergleiche des Stoffeinsatzes und Ergebnisse mehrerer Anfertigungen eingeholt werden, oder aber eine bestimmte Anfertigung daraufhin untersucht werden, ob sie zu spezifischen Problemen geführt hat. Diese Funktion wird sowohl bei der Behandlung von Reklamationen als auch bei dem Einsatz von Lagerposten benötigt.

Informationen über gelaufene Serien einholen

Diese Information dient ebenfalls der Qualitätssicherung. Hier können vor allem Vergleiche mehrerer Serien eingeholt werden, oder aber eine bestimmte Serie daraufhin untersucht werden, ob sie zu spezifischen Problemen geführt hat. Diese Funktion wird sowohl bei der Behandlung von Reklamationen als auch bei dem Einsatz von Lagerposten benötigt.

Informationen über Prüfergebnisse einholen

Im Rahmen dieser Funktion können die Prüfwerte jeder einzelnen Rolle eingesehen werden.

Kundenauftrag mit neuer Papiersorte bearbeiten

Für neuartige Aufträge muß eine Festlegung der Papiersorte vorgenommen werden. Für die Beschreibung der Sorte werden bereits bekannte Aufträge des Kunden herangezogen und darauf aufbauend die neue Sortennummer und ihre Bezeichnung festgelegt. Zu der neuen Sorte müssen dann noch die entsprechenden Prüfprogramme, Musterentnahmevorschriften und Ausrüstungsvorschriften erstellt werden.

10.3.7 Funktionen des Teilsystems VE

Rollendaten in der Veredelung erfassen

An jeder Maschine werden die Rollen zu Produktionsbeginn angemeldet und nach Produktionsende abgemeldet. Mit der Anmeldung werden Angaben zur Musterentnahme und Prüfungen abgefragt. Während der Produktion werden die rollenbeschreibenden Daten teils automatisch, teils manuell erfaßt. Mit dem Abmelden der Rolle ändert sich ihr Bearbeitungsstand. Mit jeder identifizierten Rolle werden die Leistungsdaten der Produktionsmaschinen fortgeschrieben. Die Berechnung der Leistung erfolgt später unter Berücksichtigung der Freigabeentscheidungen.

Start einer Serie melden

Mit dem Beginn der Veredelung werden unter der angegebenen Seriennummer alle erforderlichen Daten zum tatsächlichen Stoffeinsatz und dem tatsächlichen Produktionsablauf erfaßt. Mit der Anmeldung einer Serie wird das Datum als Starttermin festgehalten. Alle innerhalb einer Serie veredelten Rollen können später unter der Seriennummer abgefragt werden.

10.3.8 Organisatorisch nicht gebundene Funktionen

Für die Abteilungen VER, VT und BA wurden keine eigenen Teilsysteme definiert. Hier sollte das Instrumentarium Entscheidungshilfen für eine Zuteilung liefern.

Rollenabgang protokollieren

Die Funktion beendet den Verpackungsvorgang der Rollen. Dazu werden die erforderlichen Kundendaten wie Etikettentext und Rollenversandnummern abgefragt. Mit dem Abgang der Rolle wird die Rollenversandnummer als Identifikation zur bisherigen Rollennummer hinzugefügt.

Packmittel bereitstellen

An die Verpackung der Rollen werden besondere Anforderungen gestellt, die den Ausrüstungsvorschriften zu entnehmen sind. Für die rechtzeitige Bereitstellung der Packmittel ist als erstes die Angabe des geplanten Packsaaltermins wichtig. Darüber hinaus werden die Produktionsprogramme der Rollmaschinen benötigt, da hier der letzte Arbeitsgang vor der Verpackung erfolgt.

Transportdaten abfragen

Für den Transport sind vor allem die Produktionsprogramme wichtig, damit rechtzeitig vor Ort geklärt werden kann, welche Transportleistung zu welcher Zeit benötigt wird.

Versand vorbereiten

Für den Versand der Rollen ist es erforderlich eine Spezifikation für den Spediteur zu erstellen. Hierzu werden Gewicht und Volumen jeder einzelnen Rolle benötigt. Außerdem werden die Rollen einer Versandauftragsnummer zugewiesen, das Versanddatum festgehalten und ihr Status geändert.

Auftragsvolumen wertmäßig bestimmen

Mit jedem Auftragseingang erfolgt eine Bestimmung des Auftragswertes. Die kumulierten Werte dienen der Geschäftsleitung zur Beurteilung der Auftragslage.

Leistung der Rohpapiererstellung berechnen

Hinter den Papiermaschinen wird jeder Rollenabgang protokolliert, d.h. es wird eine Identifizierung durchgeführt und die produzierte Menge in Länge, Breite und Gewicht der Rolle angegeben. In Verbindung mit den später ermittelten Prüfergebnissen werden diese Daten ausgewertet, um die Leistung der Maschinen überwachen zu können.

Leistung der Veredelungsmaschinen berechnen

Hinter den Veredelungsmaschinen wird jeder Rollenabgang protokolliert. Dazu werden die veredelte Menge in Länge, Breite und Gewicht der Rolle angegeben. In Verbindung mit den später ermittelten Prüfergebnissen, werden diese Daten ausgewertet, um die Leistung der Maschinen überwachen zu können.

10.4 Darstellung der Ergebnisse

Abbildung 10-5 zeigt das Ergebnis mit sieben Teilsystemen, nachdem alle organisatorisch nicht gebundenen Funktionen durch das Programmpaket OTS den vorab festgelegten Teilsystemen zugewiesen worden sind.

Zu den 47 Funktionen wurden insgesamt 84 Datentypen definiert. Daten, die bekanntermaßen grundsätzlich gemeinsam angesprochen werden (wie z. B. verschiedene Prüfvorschriften), wurden vorab zusammengefaßt und zu einem Datentyp erklärt. Für die 84 Datentypen wurden mit dem Programmsystem OTS 15 Basisrelationen ermittelt (vgl. Abb. 10-6).

Für die Entwicklung eines Konzeptes wurde eine Gesamtlösung mit vier oder drei Teilsystemen angestrebt. Beide Lösungen wurden seitens des Unternehmens unter Berücksichtigung der erforderlichen Investitionen als wünschenswerte Alternativen bewertet. Mit Hilfe des Programmpakets OTS wurden daher weitere Zusammenfassungen der Teilsysteme durchgeführt. Den Verlauf der Zusammenfassungen zeigt Abb. 10-7. Die Lösungen mit vier und mit drei Teilsystemen sollen im folgenden vorgestellt werden.

10.4.1 4 Teilsysteme

Mit Hilfe von OTS wurde für eine Konzept mit 4 Teilsystemen folgender Lösungsvorschlag ermittelt. Teilsystem 1 besteht aus den Funktionen, die von der Abteilung PPL wahrgenommen werden (vgl. Kap. 10.3.2). Desweiteren wurden diesem Teilsystem Funktionen zugewiesen, die von den Abteilungen BA, VER und VT (vgl. Abb. 10-3) wahrgenommen werden. Teilsystem 2 besteht aus den Funktionen, die von der Abteilung AVV wahrgenommen werden (vgl. Kap. 10.3.4) und aus einer Funktion der Abteilung VT. Teilsystem 3 umfaßt die Funktionen, die der Abteilung VKF (vgl. Kap. 10.3.1) zugerechnet werden sowie eine Funktion aus der Abteilung BA. Mit Teilsystem 4 werden die Funktionen zusammengefaßt, die den Abteilungen bzw. Produktionsbereichen QK (vgl. Kap. 10.3.5), TKD (vgl. Kap. 10.3.6), AVP/RP (vgl. Kap. 10.3.3) und VE (vgl. Kap. 10.3.7) zugerechnet werden. Abb. 10-8 gibt einen Überblick über die jeweils zugewiesenen dezentralen Relationen. Die Abbildungen 10-9 bis 10-12 enthalten dazu alle Datentypen, die in den dezentralen Relationen enthalten sind. Insgesamt wurden 32 Datentypen redundanzfrei verteilt.

Teilsystem: VKF

- DV Kundendaten
- Auftrag anlegen
- BDV Auftragsbestand
- Auftragsvolumen wertmäßig bestimmen

Teilsystem: TKD

- Qualitätsbericht
- Freigabe prüfen
- Lagerrollen Entnahme prüfen
- Reklamationen bearbeiten
- Informationen über gelaufene Anfertigungen einholen
- Informationen über gelaufene Serien einholen
- Informationen über Prüfungsergebnisse einholen
- Kundenauftrag mit neuer Papiersorte bearbeiten

Teilsystem: AVP/RP

- Produktionsanweisung Rohpapiererzeugung
- Belegerstellung für Papierfabrik
- Qualitätskontrolle Rohpapiererzeugung
- Auftragsbestand Rohpapier
- BDE Rollendaten in der Papierfabrik
- Kapazitätsbelastung der Papierfabrik ermitteln
- Start Anfertigung

Teilsystem: AVV

- Belegerstellung für Veredelung
- Produktionsanweisung Veredelung
- Feinplanung Kalander
- Feinplanung ET, SM
- Feinplanung Rollmaschinen / Hangroller
- Lagerrollen bereitstellen
- Qualitätskontrolle Veredelung
- Packmittel bereitstellen

Teilsystem: PPL

- Produktionsauftrag Rohpapiererzeugung
- Produktionsauftrag Veredelung
- Auftrag bearbeiten: Rohpapier
- Auftrag bearbeiten: veredeltes Papier
- Auftragsfreigabe für Rohpapiererzeugung
- Auftragsfreigabe für die Veredelung
- Lagerrollen
- Maschinen-Leistung abfragen
- Bearbeitungsstand eines Auftrages abfragen
- Rollen Abgang protokollieren
- Transportdaten abfragen
- Versand vorbereiten
- Leistung der Papierfabrik berechnen
- Leistung der Veredelungsmaschinen berechnen

Teilsystem: QK

- BDE Qualitätsdaten

Teilsystem: VE

- Rollendaten in der Veredelung
- Start Serie

Abb. 10-5: Teilsystemvorschlag mit sieben Teilsystemen

Basisrelation 1: <u>KUNDEN</u>

1	KUNDEN-NR	2	RECHN-/LIEF-ADR
		4	HINWEISE/MASSNA
		82	NAME

Basisrelation 2: <u>AUFTRAGSKOPF</u>

1	KUNDEN-NR	15	AUFTR- EINGANG
5	KOMISS-NR	71	SORTE

Basisrelation 3: <u>VERSANDAUFTRAG</u>

1	KUNDEN-NR	83	VERSANDROLLEN
5	KOMISS-NR		
17	VERS-AUFTRAG-NR		
43	ROLLEN - VERSNR		
80	ROLLEN-NR		

Basisrelation 4: <u>KUNDEN-BESONDERHEITEN</u>

1	KUNDEN-NR	3	REKLAMATION
5	KOMISS-NR		
21	ANFERT - NR		
80	ROLLEN-NR		
81	PRÜFPROGRAMM-NR		

Basisrelation 5: <u>PRODUKTIONSPLAN</u>

1	KUNDEN-NR	72	PROD-FOLGE
5	KOMISS-NR		
51	KO-ST-LEISTUNG		

Basisrelation 6: <u>PROBEN</u>

1	KUNDEN-NR	75	VORSCHRIFT-MUST
5	KOMISS-NR		
81	PRÜFPROGRAMM-NR		

Basisrelation 7: <u>AUFTRAG</u>

5	KOMISS-NR	6	BESTELLTE SORTE
		7	BESTELL.ROHPAP
		8	BESTELL. VE-PAP
		9	BESTELL. FL-GEW
		10	BESTELL. RLL-ZA
		11	BESTELL. ABL-MG
		12	BESTELL. ABL-BR
		13	ZUGEST. MG-ZUGA
		14	BESTELL-DATUM
		16	ABLIEF-TERMIN
		18	AUFTR - STATUS
		20	ETIKETTENTEXT
		42	ROLLEN - VERW
		53	PLAN-MENGE
		54	PLAN-ROLLEN
		55	PLAN-ARB-BREITE
		56	PLAN-FL-GEWICHT
		57	PLAN-P-ZEIT-PM
		58	PLAN-RT-TERMIN
		59	PLAN-SM-TERMIN
		60	PLAN-BRUTTO-MG
		61	PLAN-ROLLEN -VE
		62	PLAN-ROHP-EIN-V
		63	PLAN-LP-EINSATZ
		65	PS-PLAN-TERMIN
		73	AUFTRAGSWERT
		74	PREIS/EINHEIT
		79	PROD-ZEIT-VE

Basisrelation 8: <u>VERPACKUNG</u>

1	KUNDEN-NR	64	PLAN-TERM-AUSRL
5	KOMISS-NR	76	VORSCHRIFT-AUSR
8	BESTELL. VE-PAP		

Basisrelation 9: <u>PRODUKTIONSAUFTRAGS-KOPF</u>

5	KOMISS-NR	52	PLAN-ANF-TERMIN
21	ANFERT - NR		

Basisrelation 10: <u>PRODUKTIONSAUFTRAG</u>

21	ANFERT - NR	22	REZEPTUR-VORG.
		23	REZEPTUR-TAT.
		24	BESONDERHEITEN
		25	FLÄCHENGEWICHT
		26	ANFERT-TERM-IST
		27	ARBEITSBREITE
		28	GUT - MENGE -PF
		77	AVO-BDE

Basisrelation 11: <u>PRÜFUNGEN</u>

21	ANFERT - NR	46	TERM-PRÜF-WERTE
29	SERIEN - NR		
81	PRÜFPROGRAMM-NR		

Basisrelation 12: <u>VEREDELUNGSAUFTRAG</u>

29	SERIEN - NR	30	VE - TERMIN
		31	GUT - MENGE- VE
		32	REZEPT - VORG.
		33	REZEPT - TAT.
		34	BESONDERHEITEN

Basisrelation 13: <u>ROLLEN</u>

80	ROLLEN-NR	35	LÄNGE
		36	BR- GEW- DURCHM
		37	MARKEN
		38	ROLLEN - STATUS
		39	PROZESSTAND
		40	FREIG. - ROHPAP
		41	FREIG. - VE
		49	LP-EING-DATUM

Basisrelation 14: <u>LAGERROLLEN</u>

80	ROLLEN-NR	50	LP-WERT-VERKAUF
48	LAGERROLLEN-NR	84	LAGERROLLEN-BEM

Basisrelation 15: <u>PRÜFPROGRAMME</u>

81	PRÜFPROGRAMM-NR	44	PRÜFART/ MASCH
		45	PRÜFART/ QK
		47	BEWERT - ERG.
		78	PROD-ANWEISUNG

<u>Abb. 10-6</u>: Überblick über die Basisrelationen

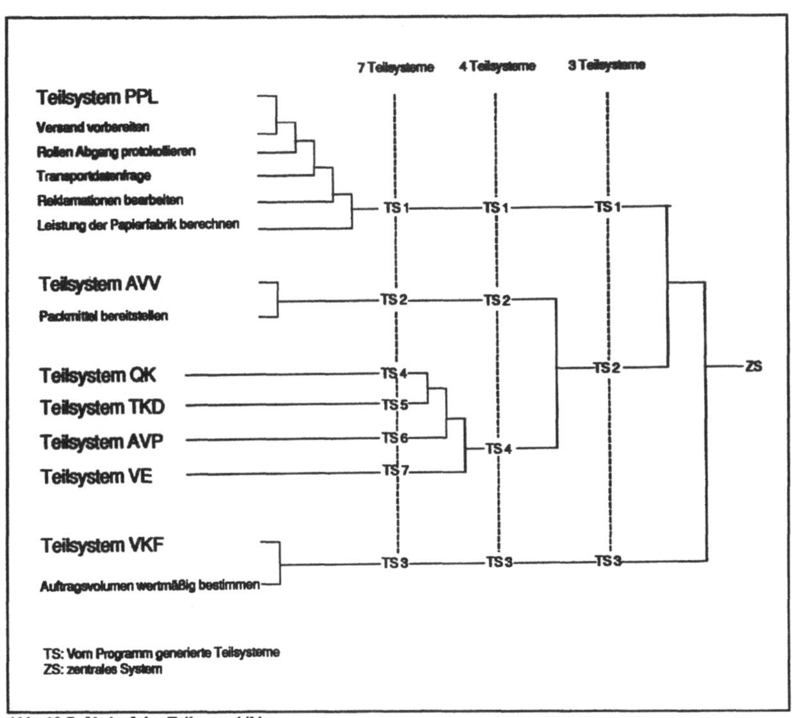

Abb. 10-7: Verlauf der Teilsystembildung

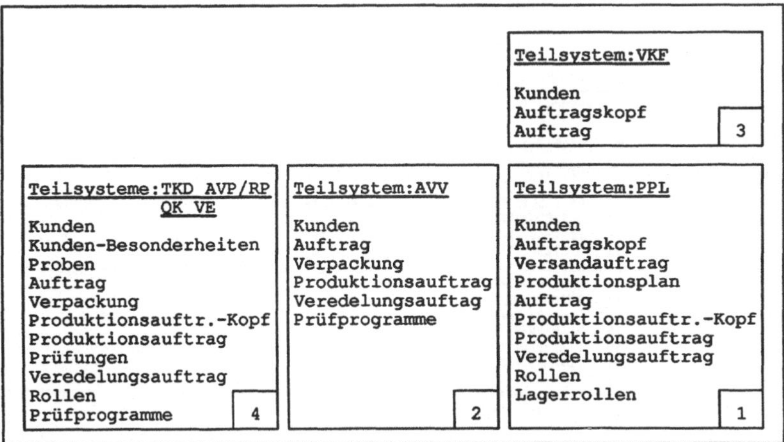

Abb. 10-8: Verteilung dezentraler Relationen bei vier Teilsystemen

```
Dezentrale-Relation 1-1: KUNDEN            Dezentrale-Relation 1-9: PRODUKTIONSAUFTRAGS-KOPF

1   KUNDEN-NR       2   RECHN-/LIEF-ADR     5   KOMISS-NR      52   PLAN-ANF-TERMIN
                   82   NAME               21   ANFERT - NR

Dezentrale-Relation 1-2: AUFTRAGSKOPF      Dezentrale-Relation 1-10: PRODUKTIONSAUFTRAG

1   KUNDEN-NR      71   SORTE              21   ANFERT - NR     26   ANFERT-TERM-IST
5   KOMISS-NR                                                  28   GUT - MENGE -PF

Dezentrale-Relation 1-3: VERSANDAUFTRAG    Dezentrale-Relation 1-12: VEREDELUNGSAUFTRAG

1   KUNDEN-NR      83   VERSANDROLLEN      29   SERIEN - NR     30   VE - TERMIN
5   KOMISS-NR                                                  31   GUT - MENGE- VE
17  VERS-AUFTRAG-NR
43  ROLLEN - VERSNR                        Dezentrale-Relation 1-13: ROLLEN
80  ROLLEN-NR
                                           80   ROLLEN-NR       35   LÄNGE
                                                               36   BR- GEW- DURCHM
Dezentrale-Relation 1-5: PRODUKTIONSPLAN                       37   MARKEN
                                                               38   ROLLEN - STATUS
1   KUNDEN-NR      72   PROD-FOLGE                             39   PROZESSTAND
5   KOMISS-NR                                                  40   FREIG. - ROHPAP
51  KO-ST-LEISTUNG                                             41   FREIG. - VE

Dezentrale-Relation 1-7: AUFTRAG
                                           Dezentrale-Relation 1-14: LAGERROLLEN
5   KOMISS-NR       6   BESTELLTE SORTE
                   7   BESTELL.ROHPAP      80   ROLLEN-NR       50   LP-WERT-VERKAUF
                   8   BESTELL. VE-PAP     48   LAGERROLLEN-NR  84   LAGERROLLEN-BEM
                   9   BESTELL. FL-GEW
                  10   BESTELL. RLL-ZA
                  11   BESTELL. ABL-MG
                  12   BESTELL. ABL-BR
                  13   ZUGEST. MG-ZUGA
                  16   ABLIEF-TERMIN
                  18   AUFTR - STATUS
                  20   ETIKETTENTEXT
                  55   PLAN-ARB-BREITE
                  56   PLAN-FL-GEWICHT
                  57   PLAN-P-ZEIT-PM
                  58   PLAN-RT-TERMIN
                  59   PLAN-SM-TERMIN
                  60   PLAN-BRUTTO-MG
                  61   PLAN-ROLLEN -VE
                  62   PLAN-ROHP-EIN-V
                  63   PLAN-LP-EINSATZ
                  79   PROD-ZEIT-VE
```

Abb. 10-9: Dezentrale Relationen zum Teilsystem 1

```
Dezentrale-Relation 2-1: KUNDEN            Dezentrale-Relation 2-8: VERPACKUNG

1   KUNDEN-NR      82   NAME                1   KUNDEN-NR       64   PLAN-TERM-AUSRL
                                            5   KOMISS-NR       76   VORSCHRIFT-AUSR
Dezentrale-Relation 2-7: AUFTRAG           8   BESTELL. VE-PAP

5   KOMISS-NR       6   BESTELLTE SORTE    Dezentrale-Relation 2-10: PRODUKTIONSAUFTRAG
                    7   BESTELL.ROHPAP
                    8   BESTELL. VE-PAP    21   ANFERT - NR     26   ANFERT-TERM-IST
                   10   BESTELL. RLL-ZA
                   11   BESTELL. ABL-MG    Dezentrale-Relation 2-12: VEREDELUNGSAUFTRAG
                   12   BESTELL. ABL-BR
                   13   ZUGEST. MG-ZUGA    29   SERIEN - NR     30   VE - TERMIN
                   58   PLAN-RT-TERMIN                          32   REZEPT - VORG.
                   59   PLAN-SM-TERMIN
                   60   PLAN-BRUTTO-MG     Dezentrale-Relation 2-15: PRÜFPROGRAMME
                   61   PLAN-ROLLEN -VE
                   62   PLAN-ROHP-EIN-V    81   PRÜFPROGRAMM-NR 44   PRÜFART/ MASCH
                   63   PLAN-LP-EINSATZ
                   65   PS-PLAN-TERMIN
                   79   PROD-ZEIT-VE
```

Abb. 10-10:   Dezentrale Relationen zum Teilsystem 2

```
Dezentrale-Relation 3-1: KUNDEN            Dezentrale-Relation 3-7: AUFTRAG

1   KUNDEN-NR       2   RECHN-/LIEF-ADR    5   KOMISS-NR       6   BESTELLTE SORTE
                   82   NAME                                   7   BESTELL.ROHPAP
                                                               8   BESTELL. VE-PAP
Dezentrale-Relation 3-2: AUFTRAGSKOPF                          9   BESTELL. FL-GEW
                                                              11   BESTELL. ABL-MG
1   KUNDEN-NR      15   AUFTR- EINGANG                        14   BESTELL-DATUM
5   KOMISS-NR      71   SORTE                                 73   AUFTRAGSWERT
                                                              74   PREIS/EINHEIT
```

Abb. 10-11:   Dezentrale Relationen zum Teilsystem 3

```
Dezentrale-Relation 4-1: KUNDEN               Dezentrale-Relation 4-10: PRODUKTIONSAUFTRAG

1   KUNDEN-NR       2   RECHN-/LIEF-ADR        21   ANFERT - NR      22   REZEPTUR-VORG.
                    4   HINWEISE/MASSNA                             23   REZEPTUR-TAT.
                   82   NAME                                        24   BESONDERHEITEN
                                                                    25   FLÄCHENGEWICHT
Dezentrale-Relation 4-4: KUNDEN-BESONDERHEITEN                      26   ANFERT-TERM-IST
                                                                    27   ARBEITSBREITE
1   KUNDEN-NR       3   REKLAMATION                                 28   GUT - MENGE -PF
5   KOMISS-NR                                                       77   AVO-BDE
21  ANFERT - NR
80  ROLLEN-NR                                  Dezentrale-Relation 4-11: PRÜFUNGEN
81  PRÜFPROGRAMM-NR
                                               21   ANFERT - NR      46   TERM-PROF-WERTE
Dezentrale-Relation 4-6: PROBEN                29   SERIEN - NR
                                               81   PRÜFPROGRAMM-NR
1   KUNDEN-NR      75   VORSCHRIFT-MUST
5   KOMISS-NR                                  Dezentrale-Relation 4-12: VEREDELUNGSAUFTRAG
81  PRÜFPROGRAMM-NR
                                               29   SERIEN - NR      30   VE - TERMIN
Dezentrale-Relation 4-7: AUFTRAG                                    31   GUT - MENGE- VE
                                                                    32   REZEPT - VORG.
5   KOMISS-NR       6   BESTELLTE SORTE                             33   REZEPT - TAT.
                    7   BESTELL.ROHPAP                              34   BESONDERHEITEN
                    8   BESTELL. VE-PAP
                   14   BESTELL-DATUM          Dezentrale-Relation 4-13: ROLLEN
                   42   ROLLEN - VERW
                   53   PLAN-MENGE             80   ROLLEN-NR        35   LÄNGE
                   54   PLAN-ROLLEN                                 36   BR- GEW- DURCHM
                   55   PLAN-ARB-BREITE                             37   MARKEN
                   56   PLAN-FL-GEWICHT                             38   ROLLEN - STATUS
                   57   PLAN-P-ZEIT-PM                              39   PROZESSTAND
                   62   PLAN-ROHP-EIN-V                             40   FREIG. - ROHPAP
                   63   PLAN-LP-EINSATZ                             41   FREIG. - VE
                                                                    49   LP-EING-DATUM
Dezentrale-Relation 4-8: VERPACKUNG
                                               Dezentrale-Relation 4-15: PRÜFPROGRAMME
1   KUNDEN-NR      76   VORSCHRIFT-AUSR
5   KOMISS-NR                                  81   PRÜFPROGRAMM-NR 44   PRÜFART/ MASCH
8   BESTELL. VE-PAP                                                 45   PRÜFART/ QK
                                                                    47   BEWERT - ERG.
Dezentrale-Relation 4-9: PRODUKTIONSAUFTRAGS-KOPF                   78   PROD-ANWEISUNG

5   KOMISS-NR      52   PLAN-ANF-TERMIN
21  ANFERT - NR
```

Abb. 10-12:   Dezentrale Relationen zum Teilsystem 4

Die Abb. 10-13 zeigt die berechneten "Summen der Beziehungen" zwischen den einzelnen Teilsystemen sowie die zugehörige "Schnittstellentabelle", wie sie durch OTS ermittelt wurde.

```
     SUMME DER BEZIEHUNGEN:
     **********************

      BEZ.      I    QUERY    I    UPDATE   I  OPTIONALE I GES. EIN- I  SELBST -
                I  EINSPAR.  I  EINSPAR.  I  EINSPAR.  I  SPARUNG  I STAENDIGK.
     ----------------------------------------------------------------------------

     (T  1-T  2) =        5565 +        5947 +        1462 =       12974          26
     (T  1-T  3) =         252 +        2862 +           0 =        3114          44
     (T  1-T  4) =        2181 +       32890 +        5788 =       40859        2122
     (T  2-T  3) =          36 +        1264 +           0 =        1300           2
     (T  2-T  4) =       35900 +       11707 +        1138 =       48745         156
     (T  3-T  4) =         190 +        1252 +           0 =        1442           4

     SCHNITTSTELLENTABELLE:
     **********************
                I     UNTERHAELT   I                  DAVON    I ALTERNATIVE FUER OPTIONALE
     TEILSYSTEM I KOMMUNIKATIONSBEZ.I      DIREKT    OPTIONAL  I    BEZIEHUNG BESTEHT ZU
                I  ZU TEILSYSTEM   I      G     U       (Q)    I  TS/FKT WEGEN (DG) MIT WERT
     ----------------------------------------------------------------------------
        T 1  I       T 2     I      0   979       0    I
        T 1  I       T 3     I    102     0       0    I
        T 1  I       T 4     I   1736  4132       0    I
        T 2  I       T 1     I   5565  4968    4500    I T  4      (D 38)       480
                                                       I T  4      (D 39)      3200
                                                       I T  4      (D 80)       820

        T 2  I       T 3     I     36     0       0    I
        T 2  I       T 4     I  35900 10884    4500    I T  1      (D 38)       480
                                                       I T  1      (D 39)      3200
                                                       I T  1      (D 80)       820

        T 3  I       T 1     I    150  2862       0    I
        T 3  I       T 2     I      0  1264       0    I
        T 3  I       T 4     I    100  1252       0    I
        T 4  I       T 1     I    445 28758       0    I
        T 4  I       T 2     I      0   823       0    I
        T 4  I       T 3     I     90     0       0    I
```

<u>Abb. 10-13</u>:   Summe der Beziehungen zwischen den vier Teilsystemen

10.4.2 3 Teilsysteme

Der Lösungsvorschlag für drei Teilsysteme sieht vor, daß von den zuvor ermittelten
4 Teilsystemen die Teilsysteme 2 und 4 zusammengefaßt werden. Abb. 10-14 gibt
einen Überblick über die jeweils zugewiesenen dezentralen Relationen.

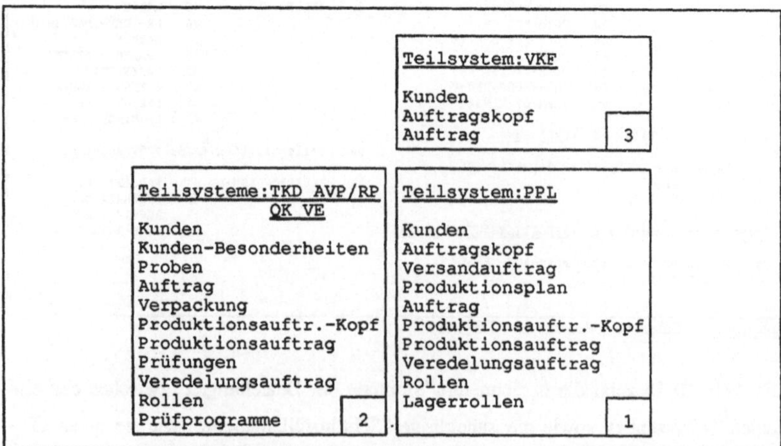

<u>Abb. 10-14</u>:   Verteilung dezentraler Relationen bei drei Teilsystemen

Für die Teilsysteme 1 und 3 traten gegenüber der Lösung mit vier Teilsystemen keine Veränderungen auf. Abb. 10-15 zeigt die zum Teilsystem 2 ermittelten dezentralen Relationen. Insgesamt wurden 36 Datentypen redundanzfrei verteilt.

```
Dezentrale-Relation 3-1: KUNDEN            Dezentrale-Relation 3-9: PRODUKTIONSAUFTRAGS-KOPF

  1   KUNDEN-NR        2   RECHN-/LIEF-ADR    5   KOMISS-NR      52   PLAN-ANF-TERMIN
                       4   HINWEISE/MASSNA   21   ANFERT - NR
                      82   NAME

Dezentrale-Relation 3-4: KUNDEN-BESONDERHEITEN

  1   KUNDEN-NR        3   REKLAMATION      Dezentrale-Relation 3-10: PRODUKTIONSAUFTRAG
  5   KOMISS-NR
 21   ANFERT - NR                           21   ANFERT - NR    22   REZEPTUR-VORG.
 80   ROLLEN-NR                                                 23   REZEPTUR-TAT.
 81   PRÜFPROGRAMM-NR                                           24   BESONDERHEITEN
                                                                25   FLÄCHENGEWICHT
Dezentrale-Relation 3-6: PROBEN                                 26   ANFERT-TERM-IST
                                                                27   ARBEITSBREITE
  1   KUNDEN-NR       75   VORSCHRIFT-MUST                      28   GUT - MENGE -PF
  5   KOMISS-NR                                                 77   AVO-BDE
 81   PRÜFPROGRAMM-NR
                                            Dezentrale-Relation 3-11: PRÜFUNGEN
Dezentrale-Relation 3-7: AUFTRAG
                                            21   ANFERT - NR    46   TERM-PRÜF-WERTE
  5   KOMISS-NR        6   BESTELLTE SORTE  29   SERIEN - NR
                      7   BESTELL.ROHPAP    81   PRÜFPROGRAMM-NR
                      8   BESTELL. VE-PAP
                     10   BESTELL. RLL-ZA   Dezentrale-Relation 3-12: VEREDELUNGSAUFTRAG
                     11   BESTELL. ABL-MG
                     12   BESTELL. ABL-BR   29   SERIEN - NR    30   VE - TERMIN
                     13   ZUGEST. MG-ZUGA                       31   GUT - MENGE- VE
                     14   BESTELL-DATUM                         32   REZEPT - VORG.
                     42   ROLLEN - VERW                         33   REZEPT - TAT.
                     53   PLAN-MENGE                            34   BESONDERHEITEN
                     54   PLAN-ROLLEN
                     55   PLAN-ARB-BREITE   Dezentrale-Relation 3-13: ROLLEN
                     56   PLAN-FL-GEWICHT
                     57   PLAN-P-ZEIT-PM    80   ROLLEN-NR      35   LÄNGE
                     58   PLAN-RT-TERMIN                        36   BR- GEW- DURCHM
                     59   PLAN-SM-TERMIN                        37   MARKEN
                     60   PLAN-BRUTTO-MG                        38   ROLLEN - STATUS
                     61   PLAN-ROLLEN -VE                       39   PROZESSTAND
                     62   PLAN-ROHP-EIN-V                       40   FREIG. - ROHPAP
                     63   PLAN-LP-EINSATZ                       41   FREIG. - VE
                     65   PS-PLAN-TERMIN                        49   LP-EING-DATUM
                     79   PROD-ZEIT-VE
                                            Dezentrale-Relation 3-15: PRÜFPROGRAMME
Dezentrale-Relation 3-8: VERPACKUNG
                                            81   PRÜFPROGRAMM-NR 44   PRÜFART/ MASCH
  1   KUNDEN-NR       64   PLAN-TERM-AUSRL                      45   PRÜFART/ QK
  5   KOMISS-NR       76   VORSCHRIFT-AUSR                      47   BEWERT - ERG.
  8   BESTELL. VE-PAP                                           78   PROD-ANWEISUNG
```

Abb. 10-15:   Dezentrale Relationen zum Teilsystem 2

Die Abb. 10-16 zeigt die berechneten "Summen der Beziehungen" zwischen den einzelnen Teilsystemen sowie die zugehörige "Schnittstellentabelle", die durch OTS ermittelt wurde.

```
SUMME DER BEZIEHUNGEN:
***********************

   BEZ.      I   QUERY    I   UPDATE   I  OPTIONALE I GES. EIN- I  SELBST -
             I  EINSPAR.  I  EINSPAR.  I  EINSPAR.  I  SPARUNG   I STAENDIGK.
   -------------------------------------------------------------------------

   (T  1-T  2) =       3246 +      38693 +       1314 =      43253        18394
   (T  1-T  3) =        252 +       2862 +          0 =       3114           44
   (T  2-T  3) =        226 +       1522 +          0 =       1748            4

SCHNITTSTELLENTABELLE:
**********************
               I     UNTERHAELT     I                     DAVON     I ALTERNATIVE FUER OPTIONALE
   TEILSYSTEM  I KOMMUNIKATIONSBEZ.I        DIREKT       OPTIONAL   I    BEZIEHUNG BESTEHT ZU
               I   ZU TEILSYSTEM    I      Q      U         (Q)     I  TS/FKT WEGEN (DG) MIT WERT
   ----------------------------------------------------------------------------------------------
      T  1   I       T  2       I    1736   4967         0     I
      T  1   I       T  3       I     102      0         0     I
      T  2   I       T  1       I    1510  33726         0     I
      T  2   I       T  3       I     126      0         0     I
      T  3   I       T  1       I     150   2862         0     I
      T  3   I       T  2       I     100   1522         0     I
```

Abb. 10-16: Summe der Beziehungen zwischen den drei Teilsystemen

11. Zusammenfasssung und Ausblick

Im Rahmen dieser Arbeit wurde ein Instrumentarium entwickelt und erprobt, das es erlaubt, für eine vorgegebene betriebliche Organisation ein optimal integriertes dezentrales Datenmodell herzuleiten, das auf relationalen Strukturen beruht. Mit Hilfe des Instrumentariums kann die Gestaltung der Datenintegration für CIM effizient durchgeführt werden. Die Grundlage für den Einsatz des Instrumentariums bildet die real vorhandene oder angestrebte betriebliche Organisation, auf die die EDV-Lösung abgestimmt werden muß. Für diese Abstimmung werden die Anforderungen hinsichtlich der Häufigkeit der einzelnen Funktionsausführungen sowie die damit verbundenen Anforderungen an Art und Umfang der Datenverarbeitung herangezogen. Dazu wurde die betriebliche Organisation modellhaft als eine strukturierte Menge von Funktionen verstanden. Das betriebliche Geschehen wird dabei durch die Erzeugung, Änderung und Verarbeitung von Daten abgebildet.

Die Anwendung des EDV-gestützten Instrumentariums OTS (Optimierung von Teil-Systemen) liefert primär Entscheidungshilfen für die Datenverteilung und Datenstrukturierung. Eine Funktionsverteilung wird im wesentlichen als sachlich gegeben vorausgesetzt. Sofern vorab keine bestimmte Funktionsverteilung vorliegt, können mit OTS Teilsystemvorschläge generiert werden. Für das Instrumentarium wurde ein fünfstufiger Aufbau gewählt, der sich in die Phasen Vorbereitung, Analyse, Synthese, Optimierung und Dokumentation gliedert. Beim Ablauf ist weiterhin zwischen den beiden Pfaden der Verteilung von Datentypen auf Teilsysteme sowie der Strukturierung von Datentypen zu Relationen zu unterscheiden, die weitgehend parallel durchlaufen werden. Ausgangspunkt für den Einsatz des Instrumentariums sind die Ergebnisse einer sorgfältigen Untersuchung der vorhandenen betrieblichen Funktionen und Daten. Im Rahmen dieser Untersuchung muß die logische Zugehörigkeit des konkreten Datenbestandes zu bestimmten Datentypen ermittelt werden. Die Untersuchung sollte ferner aufzeigen, welche Funktionen aufgrund wichtiger Randbedingungen zu Teilsystemen zusammengefaßt werden sollen oder müssen. Die Anwendung des Instrumentariums liefert für jedes (generierte) Teilsystem detaillierte Aussagen darüber,

- welche Datentypen dort verwaltet werden sollen,

- welche anderen Teilsysteme über die Änderung von Daten eines bestimmten Datentyps benachrichtigt werden müssen und in welchem Umfang hierzu Nachrichten anfallen sowie

- in welchem Umfang Daten von anderen Teilsystemen angefordert werden müssen und an welche Teilsysteme solche Anforderungen gestellt werden können.

Für die Verwaltung der dezentralen Datenbestände werden Vorschläge zur Bildung dezentraler Relationen gemacht. Für die konkrete Entwicklung dezentraler Datenbanken bleibt es jedoch unerläßlich, diese Vorschläge auf Konsistenz zu prüfen. Diese Überprüfung kann nur mit Kenntnis der Bedeutung jedes einzelnen Datentyps und jeder einzelnen Funktion durchgeführt werden. Aus dieser Beschreibung der einzelnen Teilsysteme läßt sich durch einen Vergleich mit der zugrundeliegenden Funktionsanalyse feststellen, welche Funktionen eines Teilsystems unabhängig von anderen Teilsystemen abgewickelt werden können. Für die übrigen Funktionen kann festgestellt werden, von welchen anderen Teilsystemen sie abhängig sind.

Der Feinheitsgrad in der Definition von Funktionen und Datentypen wird durch das Instrumentarium nicht vorgeschrieben. Daher kann eine Funktion im Sinne des Instrumentariums real ein ganzes Bündel von Funktionen darstellen. Auch ein Datentyp im Sinne des Instrumentariums kann real ein ganzes Bündel von Datentypen umfassen. Auf diese Weise wird es möglich, ein Gesamtmodell zu entwerfen, in dem bereits alle zukünftigen Funktionen berücksichtigt werden, ohne sie mit dem ansonsten geltenden Detaillierungsgrad beschreiben zu müssen. Dies entspricht einer zentralen Anforderung an ein Instrumentarium zur Gestaltung der Datenintegration, die sich aus der betrieblichen Praxis ableiten läßt. EDV-Konzepte und entwickeln sich meist über Jahre hinweg. Schrittweise erfolgt eine detaillierte Planung einzelner Funktionsbereiche, wobei angestrebt wird, die dafür vorgesehenen CIM-Komponenten in ein Gesamtkonzept einbinden zu können. Durch einen Vergleich von realen CIM-Komponenten mit einem in dieser Weise entwickelten CIM-Rahmenkonzept wird es möglich, aus der Sicht eines Unternehmens die Integrierbarkeit der Komponenten zu beurteilen. Sie drückt aus, wie gut eine Komponente in ein gegebenes betriebliches Umfeld eingebunden werden kann. Das Instrumentarium ermöglicht es, Teilsysteme so zu konfigurieren, daß sie in ihrem Leistungsumfang auf die Anforderungen einzelner organisatorischer Bereiche zugeschnitten sind und diese Leistung weitgehend unabhängig von der Verfügbarkeit anderer Teilsysteme und von der Verfügbarkeit der Kommunikationsmittel erbracht werden kann. Hierduch wird die Entwicklung eines dezentralen EDV-Konzeptes unterstützt, das sich gegen Komponentenausfall robust verhält. Gleichzeitig wird die Komplexität des Gesamtsystems für die Benutzer transparent und damit beherrschbar.

12. Literatur

ADIBA, M.;
CHUPIN, J. C.;
DEMOLOMBRE, R.;
GARDARIN, G.;
LE BIHAN, J.:

Issues in distributed data Base management systems:
A technical overview.
4th Conference of very large Data Bases, IEEE.
New York 1978.

ALMENRÄDER, A.:

Beitrag zur Bestimmung des Zeitaufwandes für die
Funktion "Arbeitsplanerstellung" im Maschinenbau.
Aachen RWTH Diss. 1983.
Forschungsinstitut für Rationalisierung - FIR - Aachen.

ANDREWS, D.;
KENT, J.:

The hidden Manager. Communication Technology and
Information Networks in Business Organisations.
London 1986.

AUGUSTIN, S.:

Datenströme und Datenbestände im Werksbereich.
München 1981.
(Unveröffentlichto Forschungsergebnisse).

AWF (Hrsg.):

Integrierter EDV-Einsatz in der Produktion.
CIM - Computer Integrated Manufacturing - Begriffe,
Definitionen, Funktionszuordnungen.
Hrsg.: Ausschuß für Wirtschaftliche Fertigung (AWF).
Eschborn 1985.

BULLINGER, H.-J.;
AUCH, M.:

Gestaltung der Arbeitsteilung, Arbeitsinhalte und Arbeitsorganisation im Zusammenhang mit der Anwendung neuer,
zukunftsorientierter Technologien.
In: Fertigungstechnik und Betrieb, 37(1987)10, S. 601-604.

BELLMAMM, K.;
WITTMANN, E.:

Neue Informations- und Kommunikationstechniken erfordern eine Umgestaltung organisatorischer Betreuungsaufgaben.
In: Office Management, 35(1987)10, S. 65-69.

BRAUN, M.;
FÖRSTER, H.-U.;
VORSPEL-RÜTER, F.:

Mit CIM die Zukunft gestalten. Entscheidungshilfen für
Unternehmer und Führungskräfte.
Frankfurt a.M. 1988.
Forschungsinstitut für Rationalisierung - FIR - Aachen.

BRENNER, W.:

Entwurf betrieblicher Datenelemente. Ein Weg zur Integration von Informationssystemen.
Berlin, Heidelberg, New York, London, Paris, Tokyo 1988.

BRÖDNER, P.:

Fabrik 2000 - Alternative Entwicklungspfade in die Zukunft der Fabrik. 2. Auflage.
Berlin 1986.

138

BÜHNER, R.:   Organisation in den 90er Jahren.
                                In: Harvard Manager, 8(1986)4, S. 7-11.

BURKHARDT, H. J.:   Kommunikation offener Systeme - Stand und Perspektiven
                                der Normungsarbeiten.
                                In: Tagungsunterlagen zum Online Kongreß.
                                Düsseldorf 1981.

CASEY, R. G.:   Allocation of Copies of a File in an Information Network.
                                In: AFIPS Vol. 40 (1972), S. 612-625.

CHU, W. W.:   Optimal File Allocation in a Computer Network.
                                In: Computer Communication Networks.
                                Hrsg.: N. Abramson; F.G. Kuo.
                                Eglewood Cliffs 1973, S. 82-94.

CIM-RECHERCHE: Zukunft mit CIM.
                                In: CIM-Management, 1(1985)1, S. 11-18.

CIM-RECHERCHE: Was ist heute der Stand der Technik bei Netzwerkher-
                                stellern?
                                In: CIM-Management, 2(1986)3, S. 34-48.

CODASYL SYSTEMS   Distributed data base technology - An interim report of
COMMITTEE: the CODASYL systems committee.
                                National Computer Conference 1978,
                                In: AFIPS Vol. 47, 1978.

DEKER, U.:   Fabrik der Zukunft, Teil 5. CAI geht auf's Ganze.
                                In: Bild der Wissenschaft, 24(1987)8, S. 60-67.

DEPPE, M. F.;   Distributed data bases, a summary of research.
FRY, J. P.:   In: Computer Network.
                                Amsterdam, New York 1986, S. 130-138.

DÖRINGER, H.:   Eine Methodik zur Strukturierung von Datenbanken.
                                In: Angewandte Informatik, 20(1978)3, S. 93-103.

DREYFUS, H. L.;   Künstliche Intelligenz. Von den Grenzen der Denkmaschi-
DREYFUS, S. E.:   ne und dem Wert der Intuition.
                                Hamburg 1987.

EBERHARD, L.;   Datenbankmaschinen - Überblick über den derzeitigen
RIECHMANN, CH.;   Stand der Entwicklung.
SCHÜTTE, A.:   In: Informatik Spektrum, 4(1981)1, S. 31-39.

ESSER, U.;   Arbeitssysteme für die erfolgreiche CIM-Einführung.
KEMMNER, A.:   In: CIM-Management, 4(1988)1, S. 34-40.
                                Forschungsinstitut für Rationalisierung - FIR - Aachen.

EVERSHEIM, W.:   Organisation in der Produktionstechnik.
Band 2, Konstruktion.
Düsseldorf 1982.

FLECHTNER, H.-J.:   Grundbegriffe der Kybernetik.
Stuttgart 1969.

FÖRSTER, H.-U.:   Integration von flexiblen Fertigungszellen in die PPS.
FIR-Forschung für die Praxis: Bd. 19.
Hrsg.: R. Hackstein.
Berlin, Heidelberg, New York, London, Paris, Tokyo 1988.
Forschungsinstitut für Rationalisierung - FIR - Aachen.

FRISCH, W.:   CIPI: Ein Integrationsmodell für das Unternehmen der Zukunft.
In: Zeitschrift für wirtschaftliche Fertigung ZwF, 81(1986)3, S. 123-129.

GAST, O.:   Analyse und Grobprojektierung von Logistik-Informationssystemen.
FIR-Forschung für die Praxis: Band 5.
Hrsg.: R. Hackstein.
Berlin, Heidelberg, New York, London, Paris, Tokyo 1985.
(=1985a).
Forschungsinstitut für Rationalisierung - FIR - Aachen.

GAST, O.:   Fertigungsdisposition bei Vorhandensein unterschiedlicher Auftragstypen.
In: Tagungsunterlagen zur 5. Europäischen Fachtagung "Technische Betriebsführung", Aachen.
Aachen 1985, S. 117-135. (=1985b).
Forschungsinstitut für Rationalisierung - FIR - Aachen.

GROCHLA, E.:   Integrierte Gesamtmodelle der Datenverarbeitung. Entwicklung und Anwendung des Kölner Integrationsmodells (KIM).
München, Wien 1974.

GRÖNER, L.;
ROTH, L.:   CIM-Handler für die Verbindung von Softwaresystemen.
In: CIM-Management, 3(1987)4, S. 14-19.

GRÖNER, L.;
KRUPPKE, H.:   Einsatzmöglichkeiten und Implementierungsstrategien von CIM-Systemen.
In: Zeitschrift für wirtschaftliche Fertigung ZwF, 81(1986)11, S. 593-597.

HACKSTEIN, R.:   Produktionsplanung und -steuerung (PPS)
Ein Handbuch für die Betriebspraxis.
Düsseldorf 1984.
Forschungsinstitut für Rationalisierung - FIR - Aachen.

HACKSTEIN, R.:   CIM-Begriffe sind verwirrende Schlagwörter: Die AWF-
                        Empfehlung schafft Ordnung!
                        In: PPS 85. Hrsg.: Ausschuß für wirtschaftliche Fertigung
                        (AWF).
                        Eschborn 1985.
                        Forschungsinstitut für Rationalisierung - FIR - Aachen.

HACKSTEIN, R.:   Fortschritte und Hemmnisse beim Einsatz Neuer Technolo-
                        gien.
                        In: Einsatz Neuer Technologien aus arbeits- und betriebs-
                        organisatorischer Sicht. Hrsg.: R. Hackstein.
                        Köln 1987, S. 1-19.
                        Forschungsinstitut für Rationalisierung - FIR - Aachen.

HACKSTEIN, R.:   Einführung in die technische Ablauforganisation.
                        2. Auflage.
                        München, Wien 1988.
                        Forschungsinstitut für Rationalisierung - FIR - Aachen.

HANSEN, H. R.:   Auswirkungen neuer Entwicklungen in der Informations-
                        verarbeitung auf Unternehmung und Management.
                        In: Datascope, 8(1977)24, S. 3-14.

HARRINGTON, J.:   Computer Integrated Manufacturing.
                        In: Industrial Press.
                        New York 1973.

HEEG, F.-J.:   Gestaltung von Software.
                        In: Bundesarbeitsblatt (1988)1, S. 22-26. (=1988a).
                        Institut für Arbeitswissenschaft - IAW - Aachen.

HEEG, F.-J.:   Empirische Software-Ergonomie. Zur Gestaltung nutzer-
                        gerechter Mensch-Computer-Dialoge.
                        Berlin, Heidelberg, New York, Tokyo 1988. (=1988b).
                        Institut für Arbeitswissenschaft - IAW - Aachen.

HEEG, F.-J.;   Software-Ergonomie - Grundlagen und Anwendung.
SCHREUDER, S.:   In: Arbeitsorganisation und neue Technologien. Impulse
                        für eine weitere Integration der traditionellen arbeits-
                        wissenschaftlichen Entwicklungsbereiche.
                        Hrsg.: R. Hackstein; F.-J. Heeg; F. von Below.
                        Berlin, Heidelberg, New York, Paris, Tokio 1986.
                        Institut für Arbeitswissenschaft - IAW - Aachen.

HEGERING, H.-G.:   Open System Interconnection - eine kritische Würdigung.
                        In: GI - 18. Jahrestagung I 1988, vernetzte und komplexe
                        Informatik-Systeme, IFB 187. Hrsg.: Valk.
                        Berlin, Heidelberg, New York, London, Paris, Tokyo 1988,
                        S. 140-160.

HENNING, K.;
OCHTERBECK, B.:
Dualer Entwurf von Mensch-Maschine-Systemen.
In: Soziale Auswirkungen der Automatisierung. Manuskript zur Vorlesung. Lehr- und Forschungsgebiet Kybernetische Verfahren und Didaktik der Ingenieurwissenschaften. Hrsg.: K. Henning.
Aachen 1986, S. A-0 - A-21.

HIRSCH-KREINSEN, H.:
Technische Entwicklungslinien und ihre Konsequenzen für die Arbeitsgestaltung.
In: Rechnerintegrierte Produktion.
Hrsg.: H. Hirsch-Kreinsen; R. Schultz-Wild.
Frankfurt, New York 1986, S. 13-48.

HÜBNER, H.:
Integration und Informationstechnologie im Unternehmen.
München 1979.

JABLONSKI, S.;
WEDEKIND, H.:
Implementierung eines verteilten Datenverwaltungssystems für technische Anwendungen. Eine Durchführbarkeitsstudie.
In: GI - 18. Jahrestagung II 1988, vernetzte und komplexe Informatik-Systeme, IFB 188. Hrsg.: Valk.
Berlin, Heidelberg, New York, London, Paris, Tokyo 1988, S. 639-657.

JIRASEK, J.:
Das Unternehmen - ein kybernetisches System. Eine Einführung für die Wirtschaftspraxis. 2. Auflage.
Berlin 1977.

KAUFFELS, F.-J.:
Das technische Konzept von MAP.
In: PC-Magazin, (1986)29, S. 66-83.

KAISERAUER, H.-A.:
CIM - Kunst oder Wissenschaft.
In: Technisches Zentralblatt für Metallverarbeitung TZ, 80(1986)8, S. 47-56.

KERNLER, H.:
Freistehende EDV-Systeme in der Fertigungssteuerung.
In: Management Zeitschrift, 48(1979), S. 347-350.

KÖHL, E.;
ESSER, U.;
KEMMNER, A.;
FÖRSTER, H.-U.:
CIM zwischen Anspruch und Wirklichkeit. Erfahrungen, Trends und Perspektiven.
Eschborn, Köln 1989.
Forschungsinstitut für Rationalisierung - FIR - Aachen.

KÖHL, E.;
ESSER, U.;
KEMMNER, A.;
WENDERING, A.:
Auswertung der CIM-Expertenbefragung.
Forschungsinstitut für Rationalisierung - FIR - Aachen, Februar 1988.

KÖSTER, W.;
HETZEL, F.:
Datenverarbeitung mit System.
Neuwied 1971.

KRALLMANN, H.:   Methoden und Ansätze zur Modellierung einer CIM-
                        Architektur.
                        In: Produktionsforum '88. Die CIM-fähige Fabrik.
                        8. IAO-Arbeitstagung 1988.
                        Hrsg.: H. J. Warnecke; H.-J. Bullinger.
                        Berlin 1988.

KRAMER, R.:   Information und Kommunikation. Betriebswirtschaftliche
                        Bedeutung und Einordnung in die Organisation der Unter-
                        nehmung.
                        Berlin 1965.

LEHMANN, H.:   Integration.
                        In: Handwörterbuch der Organisation. 2. Auflage.
                        Hrsg.: E. Grochla.
                        Stuttgart 1980, S. 976-984. (=1980a).

LEHMANN, H.:   Systemtheorie und Organisation.
                        In: Handwörterbuch der Organisation. 2. Auflage.
                        Hrsg.: E. Grochla.
                        Stuttgart 1980, S. 2204-2216. (=1980b).

LOCHSTAMPFER, P.:   Systemorientierte Betriebsorganisation.
                        München 1974.

LÖBEL, G.;   Lexikon der Datenverarbeitung. 8. Auflage.
MÜLLER, P.;   Landsberg 1982.
SCHMID, H.:

MEYERS: Meyers Großes Taschenlexikon.
                        Band 10, 2. Auflage.
                        Mannheim, Wien, Zürich 1987.

MOHAN, C.:   Current and Future Trends in Distributed Database
                        Management.
                        In: Proc. of the 1984 NYU Symposium 'New Directions
                        for Database Systems'.
                        New York 1984.

NEHMER, J.:   Entwurfskonzepte für verteilte Systeme - eine kritische
                        Bestandsaufnahme.
                        In: GI - 18. Jahrestagung I 1988, vernetzte und komplexe
                        Informatik-Systeme, IFB 187. Hrsg.: Valk.
                        Berlin, Heidelberg, New York, London, Paris, Tokyo 1988,
                        S. 70-96.

NIEMEYER, G.:   Kybernetische System- und Modelltheorie - system
                        dynamics.
                        München 1977.

NISSING, TH.: Beitrag zur Entwicklung eines dezentralen Produktions-
planungs- und -steuerungssystems auf der Basis verteilter
Datenbestände.
Dissertation RWTH Aachen 1982.
Forschungsinstitut für Rationalisierung - FIR - Aachen.

NULLMEIER, E.;
RÖDIGER, K. H.: Arbeitsorientierte Anforderungen an die Gestaltung von
PPS-Systemen.
In: Rechnerintegrierte Produktion.
Hrsg.: H. Hirsch-Kreinsen; R. Schultz-Wild.
Frankfurt, New York 1986.

OCHTERBECK, B.: Dualer Entwurf eines Betriebsführungssystems für Um-
schlagbahnhöfe des kombinierten Verkehrs.
Düsseldorf 1989.

REFA: Planung und Gestaltung komplexer Produktionssysteme.
Wiesbaden 1987.

REUTER, A.: Verteilte Datenbanksysteme: Stand der Technik und
aktuelle Entwicklungen.
In: GI - 18. Jahrestagung I 1988, vernetzte und komplexe
Informatik-Systeme, IFB 187. Hrsg.: Valk.
Berlin, Heidelberg, New York, London, Paris, Tokyo 1988,
S. 16-33.

ROOS, E.;
FÖRSTER, H.-U.;
LOEFFELHOLZ, F. v.: Marktspiegel - PPS-Systeme auf dem Prüfstand.
3. Auflage. Hrsg.: R. Hackstein.
Köln 1988.
Forschungsinstitut für Rationalisierung - FIR - Aachen.

ROTHNIE, J. B.;
GOODMAN, N.: A Survey of Research and Development in Distributed
Database Management.
In: Proc. of the 3th Int. Conf. on Very Large Databases.
Tokyo 1977.

SAUERBREY, G.: Planung organisatorischer Veränderungen von Integrations-
ansätzen.
In: Produktionsforum '88. Die CIM-fähige Fabrik.
8. IAO-Arbeitstagung 1988.
Hrsg.: H. J. Warnecke; H.-J. Bullinger.
Berlin 1988, S. 239-260.

SAUERBREY, G.: Funktionen integrieren - der erste Schritt zu CIM.
In: Technische Rundschau TR, 81(1989)1, S. 24-27.

SCHEER, A. W.: Datenverwaltung in der Fertigungssteuerung.
In: Informatik Spektrum, 3(1980)3, S. 143-155.

SCHEER, A. W.:   Stand und Trends der computergestützten Produktionsplanung und -steuerung (PPS) in der Bundesrepublik Deutschland.
In: Zeitschrift für Betriebswirtschaft ZfB, 53(1983)2, S. 138-155.

SCHEER, A. W.:   Rechnerverbund steigert Leistung.
In: Maschinenmarkt, 92(1986)14, S. 34-39.

SCHEER, A. W.:   CIM, der computergesteuerte Industriebetrieb.
Berlin, Heidelberg, New York, London, Paris, Tokyo 1987.

SCHLAGETER, G.; STUCKY, W.:   Datenbanksysteme: Konzepte und Modelle.
Stuttgart 1983.

SCHNEIDER, C.:   Datenverarbeitungs-Lexikon. 2. Auflage.
Wiesbaden 1976.

SCHNUPP, P.:   Rechnernetze, Entwurf und Realisierung.
Berlin, New York 1981.

SCHOLZ, B.:   CIM-Schnittstellen, Konzepte, Standards und Probleme der Verknüpfung von Systemkomponenten in der rechnerintegrierten Produktion.
München 1988.

SCHULTZ-WILD, R.; NUBER, CH.; REHBERG, F.; SCHMIERL, K.:   An der Schwelle zu CIM.
Verbreitung, Strategien und Auswirkungen.
Eschborn, Köln 1989.

SUPPAN-BOROWKA, J.; SIMON, T.:   MAP - Datenkommunikation in der automatisierten Fertigung.
Pulheim 1987.

TOPSOE, F.:   Informationstheorie, eine Einführung.
Stuttgart 1975.

TREULING, W.:   Auswirkungen unterschiedlicher Integrationsgrade des EDV-Einsatzes auf die Zielerreichungsgrade von betrieblichen Nutzengrößen. Schlußbericht an die Deutsche Forschungsgemeinschaft.
Forschungsinstitut für Rationalisierung - FIR - Aachen.

VOLPERT, W.:   Kontrastive Analyse des Verhältnisses von Mensch und Rechner als Grundlage des System-Designs.
In: Zeitschrift für Arbeitswissenschaft, 41(1987)3, S. 147-152.

ZANGEMEISTER, C.:   Systemtechnik.
In: Handwörterbuch der Organisation. 2. Auflage.
Hrsg.: E. Grochla. Stuttgart 1980, S. 2190-2204.

FIR + IAW
Forschung für die Praxis

Berichte aus dem Forschungsinstitut für Rationalisierung (FIR), Aachen, und dem Lehrstuhl und Institut für Arbeitswissenschaft (IAW) der Rheinisch-Westfälischen Technischen Hochschule Aachen.

Herausgeber: Univ.-Prof. Dr.-Ing. R. Hackstein